空间设计新探索

矫苏平 著

中国建筑工业出版社

图书在版编目（CIP）数据

空间设计新探索 / 矫苏平著.—北京：中国建筑工业出
版社，2014.9
ISBN 978-7-112-17315-0

Ⅰ.①空…　Ⅱ.①矫…　Ⅲ.①空间－建筑设计－研
究　Ⅳ.①TU204

中国版本图书馆CIP数据核字（2014）第226526号

　　同当代科学技术、文化与艺术领域的研究探索相联系比较，本书运用跨学科交
叉方式，对当代建筑设计、室内设计等空间设计前沿性研究探索进行分析介绍，从不
同层面与角度展现当代设计新的发展状况，分析论述设计思潮与代表性案例，探讨观
念、手法及作品的文化意味。本书有助于读者了解当代空间设计的前沿动向，开拓视
野，提高理论素养并获取设计启发。

责任编辑：吴宇江
责任校对：陈晶晶　张　颖

空间设计新探索

矫苏平　著

*

中国建筑工业出版社出版、发行（北京西郊百万庄）
各地新华书店、建筑书店经销
北京京点图文设计有限公司制版
北京方嘉彩色印刷有限责任公司印刷

*

开本：787×1092 毫米　1/16　印张：9½　字数：192千字
2015年2月第一版　2015年2月第一次印刷
定价：**96.00**元
ISBN 978-7-112-17315-0
　　（26080）

目　录

一、涌现理论与当代空间设计

（一）引言

20 世纪 90 年代，在"复杂适应系统"（Complex Adaptive System）即 CAS 研究的基础上，约翰·霍兰完成了《涌现——从混沌到有序》一书，书中将"涌现"作为一门跨学科，具有普适性的科学理论进行初步系统论述。霍兰提出的论点构建了当代涌现理论研究的大体框架。

霍兰认为涌现是普遍现象，发生于很多看似不相关的学科领域，种子生长、受精卵发育、蚁群活动、神经网络活动、棋类博弈、电磁发生、因特网运行、全球经济系统运行等都具有涌现特征，这些都展现出系统性，展现出"简单生成复杂"、"受限生成"、"自适应"等状况，都可以利用模型加以模拟、预测和调节控制。霍兰提出运用跨学科及学科交叉的方式对涌现进行研究，探讨普遍规律并构建具有普适性的理论框架，以发展对于涌现的预测与控制能力。

当代学者开展多方向与多层面的涌现研究，研究内容不断充实和深入，理论体系不断完善。涌现理论展示出新的学术视野及新的认识事物的方式，对当代科学技术与人文社科诸领域产生广泛影响，被运用于信息技术、教育、金融、军事、贸易、农业、气象、医学、管理等多方面研究。

涌现理论对当代建筑设计、室内设计、城市设计等空间设计也产生很大影响。与当代系统论、控制论、混沌理论、有机理论及各种后现代文化思潮相交叉，引发各种新的设计思潮与变革实验，成为"激发顶尖年轻建筑师创造力的最有趣的科学理论"（尼尔·林奇语）。当代空间设计的"涌现"探讨不断动摇既定的空间环境认知，开拓新的空间与设计的认识视野，使设计思想与观念走向复杂。形形色色的涌现探索使当代空间设计满显活力，并展现着未来设计的发展趋向。

（二）涌现理论的基本论点

1. 集群效应论

基于事物系统内部的作用机制，霍兰提出涌现是"受限生成过程"，即在一定规则下内部基本单元相互复杂作用的过程，"集群效应"是"受限生成过程"的基本机制及涌现研究的基本点与主线：

系统由一些基本单元或个体所组构，例如蚁群中的单个蚂蚁、神经网络中的神经元、器官中的细胞、棋类游戏中的棋子。

系统内的基本单元或个体受一定规则（相当计算机设计中的"转换函数"）所限制和支配，这些规则一般比较简单。

在一定简单规则的限制支配下，系统内各基本单元、个体作为具有自主性的"主体"（Agent），构成复杂的非线性的交互关系并相互发生复杂作用，产生"集群效应"，生成"整体大于部分相加之和"或"简单生成复杂"的状况。例如个体蚂蚁的"集群"生成复杂的蚁群行为，神经元的"集群"生成复杂的神经网络与器官的活动等，这即是"受限生成过程"。主体的构合与相互作用具有"无中心"、"自组织"等自发性特征。

为了表述涌现的"受限生成过程"及系统内主体的"集群效应"，霍兰设计了具有普适意义的"基于主体的模型"。他认为世界的状态是由具有自主性影响或决策能力的"主体"之间相互作用描述的，可以基于这种机制使用计算机为世界上的各种系统建模，对其涌现过程加以模拟与控制。主体具有不同的层次，在各种社会机构（如政府部门、商务组织等）中制定计划的人是主体；有时会删去一些细节，只讨论一个部门甚至整个政府的计划（在涉及国际关系时），这时部门或政府就是主体；在每个层次上，都能设计出使人感兴趣的基于主体的模型。这在生态系统中也同样适用，可以挑选一些相互关联的物种作为主体。在免疫系统中，可以将各种抗体作为主体。所有这些系统都展现出涌现现象。①

霍兰认为"基于主体的模型"的涌现机制与蚁群、神经网络等系统的涌现机制相一致，是运用计算机建模对其基本原理的模仿。

"集群效应"也体现于因特网、全球经济系统等。这些复杂系统都由不同层次的离散的主体组构和相互作用，整体特征都具有新奇性，其效能远远大于或复杂于各个部分相加之和。

马诺·邦格、诺弗·斯塔克、扬勒、欧阳莹之、马诺·杰—皮罗、苗东升、金吾伦等很多国内外学者的研究都指出和证实涌现的新奇性及"整体大于部分相加之和"、"简单生成复杂"的"集群效应"。例如，个体电子通过一些特定形式加以组织生成超导电流，其具有远大于集总个体电子简单相加之和的效能；狼群的集群能量远大于个体的相加之和；按照现代方式组构的社会化大生产的效能远大于个体的生产方式；组织起来的军队或游击队的战斗力远大于同等数量的零散武装人员。

---

① 约翰·霍兰.涌现——从混沌到有序[M].陈禹等译.上海：上海科学技术出版社，2006：119-120。

一些学者开展关于"集群效应"的微—宏观机制及系统内主体相互作用的微观原因的探讨，包括生物系统的"Stigmergy机制"、"信息素机制"、"强化机制"，经济系统的"博弈机制"、"拍卖机制"，社会系统的"时疫和流言机制"、"信任和声誉机制"等探讨，并且将之运用于计算机"多主体系统"（MAS）和研究中。与之相联系，涌现的"正效应"与"负效应"及"期望性涌现"与"危害性涌现"的研究已经受到关注，探讨与发展"期望性涌现"，防止与避免"危害性涌现"的机制途径的研究已经开展。

2. 互塑共生论

涌现研究证实，大千世界各种因素作用机制复杂，相互关联，相互影响，某一系统的外部环境状况是涌现的重要条件，对系统的涌现过程产生影响；反向观之，该系统的状况也对周围的环境及大的系统发生影响。

在研究系统涌现的内部机制，即"受限生成过程"的同时，霍兰注意到并指出了外部环境条件对系统涌现的作用。例如远古鱼鳃中作为活动连接装置的3块骨头，演化到后来就变成了使爬行类动物能把嘴张得很大的颚，再后来又演化为哺乳类动物内耳中连接装置。这3块骨头虽然随着时间的流逝保存下来，但它们所处的地方不同，环境不同，功能要求不同，其形状与功能也大不相同。一定系统的涌现是对于外部环境的"响应"。

欧阳莹之、昂内斯等人指出，随着温度变化，固体会从普通导体转化为超导体；在不同的温度中，水显示着各种临界状态，进行液体、固体或气体转化。

苗东升认为，系统（事物）的涌现基于内外交互作用，把握一个系统的全部规定性应当从内外两方面着手。外部环境的作用造就系统的外部规定性，组分（基本单元）和结构的作用造就系统的内部规定性，把两种规定性结合才能全面把握系统，对于耗散结构的开放系统而言，外部环境在系统涌现过程中的作用更为重要。系统的内外交互作用也体现为系统对环境的作用，其对于环境发生着影响，并且进行塑造改变。从根本上说，系统与环境是"互塑共生"的关系。系统对环境发生的作用体现正反两方面，即优化作用和破坏作用。

动物与植物的孕育、生存和发育是对于外部环境条件的"响应"，一定的环境状况造就动植物一定的形态与机能。例如，北极圈的动物多生有厚厚的白色的皮毛、厚的脂肪层，唯有如此，才能在寒冷的冰天雪地里生存。

涌现研究也表明，某一系统涌现的状况也对周围的环境及大的系统发生影响，优化或劣化环境。例如树木、森林的培育养护应当基于环境条件，其良好的生长状况又有助改善地区的整体环境状况。

3. 动态过程论

与系统论的动态研究相一致，霍兰提出涌现及系统的"受限生成"是动态的过程，在相对稳定的系统中，组成部分不断改变。

"这些系统是变化的，即动态的。它们隔一段时间就会改变，尽管规律本身不会改变，然而规律所决定的事物却会变化。在棋类游戏中不断变化的每一个棋局，或者在牛顿万有引力定律支配下不断变化其运行轨迹的棒球、行星和银河系，都说明了这一点。处处都显示着：少数规则和规律生成了复杂的系统，而且以不断变化的形式引起永恒的新奇和新的涌现现象。"

"下列一些术语可以作为对涌现现象进行研究的方向和路标。

机制（积木块、生成器、主体）和永恒的新奇（大量不断生成的结构）

动态性和规律性（在生成结构中持续的重复发生的结构或模式）

……" ①

欧阳莹之指出涌现特征与过程是"复杂多变、不稳定和惊人"，水的相变、市场变化、生物生存与变异等都表现着动态变化的特征。

涌现理论的动态过程论摆脱了固定静止的观念，展现事物涌现生成的历时性的动态发展的视域。

4. 自适应论

涌现理论以"复杂适应系统"（CAS）为认识基础，因而，动态的"自适应"是系统涌现的重要特征，也是涌现研究的主要关注点之一。其微—宏观机制是：系统中（包括生物系统与其他系统）的主体具有自主性的适应性，它能够与其他主体以及环境进行交互作用，在这种持续不断的交互作用的过程中，不断地"学习"或"积累经验"，并且根据学到的经验改变自身的结构和行为方式，在这个基础上逐步派生出系统宏观的各种自适应行为。

从宏观层面看，系统的自适应体现于多种状态，包括瞬间的反应、一定时间过程的学习与改进、长时期的进化与变异等。自适应是具有普适性的现象，既体现于生物系统，也体现于很多非生物系统。生物系统的例子是：为适应环境和自我保护，动物、植物等改变自己的形态和机能；遇冷遇热，人的肌体及皮肤作出各种保护性反应等。

非生物系统的例子：基于商品生产、流通与消费状况，市场能进行各种自发性调节与改变等。作为人造物的机器也能够生成学习机能及自适应机能。塞缪尔的跳棋机器是代表性一例。利用"领先棋子数"，"基于预测失败的修正"等法则及相应的权重，该机器棋手能够与人进行博弈并且向对手学习，对手愈强，机器棋手会通过"学习"棋艺提高，从而战胜对手。

---

① 约翰·霍兰. 涌现——从混沌到有序[M]. 陈禹等译. 上海：上海科学技术出版社，2006：4, 11。

霍兰用"基于主体的模型"对系统的微—宏观适应行为模式加以描述。"刺激—反应模型"表现了微观层次上各种系统中的主体系统最基本的行为模式。每个主体系统的执行系统都由3个部分组成：1个探测器，1个效应器，1组IF/THEN规则。探测器用来接受外部的刺激，效应器用来作出反应，IF/THEN规则规定了对何种刺激作出何种反应。基于遗传算法（GA），主体在进化的过程中可以不断地对规则进行选择和改变（图1-1）。"回声模型"表现了宏观层次上的主体系统的基本行为模式及交互关系。该模型的整个系统包括若干个位置（site），每个位置包括若干个主体。每个主体系统具有3个基本部分：进攻标识、防御标识和资源库，主体与主体之间主动地进行接触和进行各种应答反应，相互交流资源，增生和变化（图1-2）。

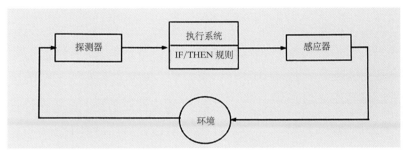

图1-1 刺激—反应模型

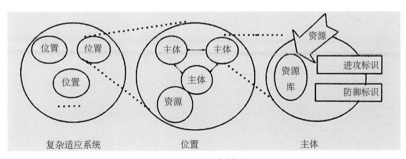

图1-2 回声模型

5. 模型论

霍兰认为，建造模型是涌现研究的主旨。"基于主体的模型"即是在"受限生成过程"研究的基础上提出的概念。他认为该模型的机制与蚁群、神经网络等系统的涌现机制相一致，是用计算机建模对其原理的模拟。霍兰关于涌现研究的很多研究，包括"集群效应"、"互塑共生"、"动态过程"、"自适应"都用计算机模型加以展开和验证。

目前，涌现理论的模型论已经被普遍研究、运用和发展。涌现的宏观层面与微观层面的机制和作用的研究不断深入，对于涌现"受限生成过程"及"集群效应"原理的认识也不断深化。在霍兰"基于主体的模型"概念基础上发展的"计算机多主体系统"模型（MAS）成为当代计算机建模的基本范型，被普遍地运用在生物学、社会学、经济学、

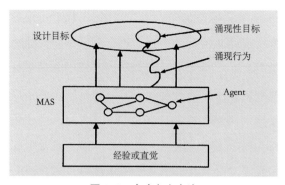

图1-3　自底向上方法

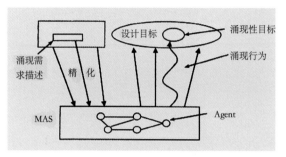

图1-4　自顶向下方法

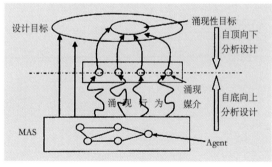

图1-5　综合方法

建筑等系统的涌现研究中。综合 MAS 研究成果，金士尧等提出了 MAS 的分析设计的几种方法：

（1）自底向上方法

根据经验和直觉直接设计（或在已有的工作基础上修改）单个 Agent（主体）及 Agent 的交互，再通过实际运行或仿真观察其涌现行为，不满足需要时修改设计，直到获得理想结果。这是强调设计目标通过主体交互作用自发性生成的方法（图 1-3）。

（2）自顶向下方法

涌现目标作为系统需求的一个重要部分贯穿于整个分析设计过程，在各个阶段或局部过程中加入一定涌现性的主体自发性交互的环节，并对其加以精化控制，保证设计出的 MAS 具有目标期望的涌现特征。这是强调设计目标与过程精确性把握控制，局部或阶段性的小规模主体交互生出的方法（图 1-4）。

（3）综合方法

自底向上的方法往往带有一定的盲目性，要达到设计目标通常需要大量的实验。自顶向下的方法面临的一个重要问题是，涌现的非线性复杂性质一般不可精化（精确控制），所以单独使用这些方法很难实现设计目标。一种折中方案是综合这两种方法，取长补短，在自顶向下和自底向上的方法之间取得平衡，具体为：自顶向下将比较确定性的涌现目标归约到"涌现媒介"，"涌现媒介"是能够产生宏观涌现目标的"中观"层面系统，它在规模、空间、时间等尺度上不是很大，自发性的涌现结果可以比较方便地获得。确定的涌现性目标以"涌现媒介"的涌现结果的还原耦合与基层主体的自发性涌现结果交互生成（图 1-5）。

（4）仿真

建造计算机仿真模型可以对系统的涌现加以模仿和进行机能的测试与验证。测试与验证是保证 MAS 设计能否满足目标的关键一环，因为涌现的特征及过程是动态的，并且 MAS 是复杂的交互计算系统，传统的单元测试、场景测试等方法不能确定其是否满足目标，因而，仿真模型成为测试与验证不可或缺的方法。[①]

（三）当代空间设计涌现探索

涌现理论对当代建筑设计、室内设计、城市设计等空间设计产生很大影响，与当代系统论、控制论、混沌理论、有机理论及各种后现代文化思潮相交叉，引发各种新的设计思潮与变革实验。当代空间设计领域的涌现探索，综合展开于设计观念及建筑涌现的认识层面和计算机建模及参数化设计的层面。

1. 集群智慧探索

涌现理论的集群效应论，启发推动基于自发机制的建筑空间生成"集群智慧"的研究探索。

很多东方与西方传统的城镇或街区的形态表现出"自下而上"的涌现特征及自发性的"集群智慧"的作用。欧洲中世纪的优美小城、中国一些城镇的胡同或巴西棚户区的形态发展并非遵循现代社会普遍运用的严格细致的规划方案，而主要是城镇中作为离散单元的"居民"（主体）遵守一些简单的生活方式与邻里相处规则，相互"集群"，相互联系和作用，自下而上自发生成的结果，体现出自发性的"集群智慧"，表现出现代社会严格的规划设计所无法实现的空间环境的丰富性、生动性和适用性。传统的城镇与建筑表现出不容忽视的空间涌现生成的自发性因素。

很多学者与设计师开展基于自发性的"集群智慧"的研究实验，将空间环境中的各种离散个体，包括人、人群、居民、部门、区域等作为具有独立决策能力的"主体"，运用计算机参数化建模（多主体模型）的方式，使之相互发生集群作用及发挥"集群智慧"，自下而上"自发"地生成建筑空间形体。

史蒂文·约翰逊用"涌现"这一词语表述城市的生成构建的状态，强调自发性。他认为城市是动态自适应的系统，建立在近邻互动、信息回路、模式识别和间接控制的基础上，与蚁群、鸟群、神经网络及至全球经济系统这些以大量小规模"离散元素"或"主体"构成的群体相似，表现出自下而上的集群智慧，比单个构成部分更为精妙复杂。他认为："城市在通过'集群智慧'运转。"[②] 约翰逊将城市的涌现研究与计算机建模相联系，将之推广到软件程序的操作上，试图找寻软件程序与城市相同的涌现逻辑，运用计算机模拟城市涌现。

---

① 金士尧，黄红兵，范高俊.面向涌现的多Agent系统研究及其发展[J].计算机学报，2008（6）：888-889。
② 尼尔·林奇.集群城市主义[J].叶杨译.世界建筑，2009（8）：20。

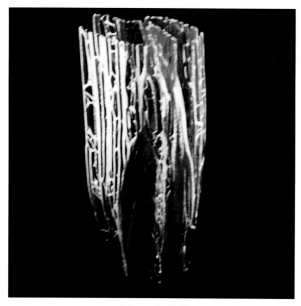

图1-6 纤维塔

实验设计师群体Kokkugia开展自下而上的"多主体系统"设计研究。他们设计多道参数化程序，基于不同层面与关系设置主体，强化设计意图深入到每一套自主性的主体内，使它们能够自组织，交互发生作用并自发地生成空间。Kokkugia的研究转变着城市设计与建筑设计的概念，其不再是一系列先决性的规划设计方案，而是与生成复杂系统相关的、基于主体作用发挥的诸多小而微的决策同时产生，交互与动态地发生作用。在纤维塔（图1-6）、台北表演艺术中心（图1-7、图1-8）、涌现场地（图1-9）等设计方案中，Kokkugia运用"多主体系统"设计策略，空间环境以发挥主体交互作用的"自组织"的方式并且与环境相联系，"自发"地构建生成。

涌现组的PS1当代艺术中心（城市沙滩）（图1-10）、都市未来组的无限塔都体现着基于集群智慧，自下而上涌现生成的特点（图1-11）。

图1-7 台北表演艺术中心外观

图 1-8　台北表演艺
　　　　术中心内部

图 1-9　涌现场地

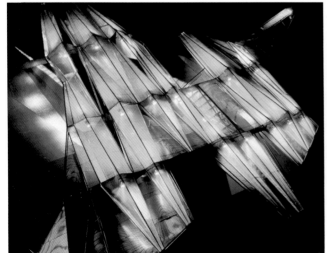

图 1-10　PS1 当代艺术中心屋顶结构

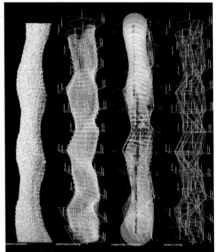

图 1-11　无限塔

尼尔·林奇指导的"数字平民区"研究以"自下而上"自组织的有机方式生长城市，建立生成模型。该项目以巴西真实平民区的自发性的生长逻辑为基础，一系列可能的建筑方案被放在可及的地区，它建立在一种用于评价地形和周围地区福利设施的算法的基础上。在这个过程中，利用模拟行人运动方向的人工智能对设计方案进行不间断测试，由此形成城市景观形态的自组织的构建过程（图1-12、图1-13）。

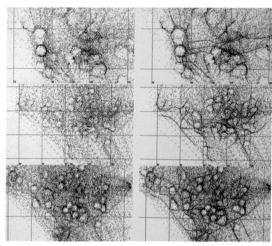
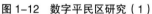

图1-12　数字平民区研究（1）

图1-13　数字平民区研究（2）

在关注与发挥城市、建筑自发性生成机制的同时，也需要对自发性的涌现进行一些必要的、"潜在"的编排调节，以获取理想的涌现结果，包括涌现前的一些基本框架性的预期设计、涌现过程部分区域一定的干预引导，或在一定涌现阶段结束后对涌现结果进行一定的调整修改等。

尼尔·林奇提出"情景规划"的概念。他认为设计的任务是"以居民与城市间的随时间变化的相互影响来预期城市将会发生的变化。如果以'情景规划'的概念对城市的某些特定空间进行使用上潜在的编排，我们会看到，有效的设计将会'加速'这一演变过程"[1]。林奇提出"情景规划"，意指城市及城市建筑的建造发展应当遵循居民与城市之间的和谐的交互发展关系，发挥自发的"集群智慧"，而不应进行违反自然规律的、主观强加性的干预和改变。为了加速城市及城市建筑的良性涌现，也有必要进行"潜在编排"，即"潜在"的规划和设计，其应当是非强加式、非暴力的，应当重视居民与城市间的和谐的相互影响与发展关系，即发挥"集群智慧"，在此基础预期、规划及加速城市和城市建筑的发展。林奇指导的研究体现着"情景规划"的概念。

---

[1]　尼尔·林奇.集群城市主义[J].叶杨译.世界建筑，2009（8）：21-22。

涌现理论关于"集群效应"的研究，展示出事物或系统生成的自发性机制，启发人们从复杂维度认识思考建筑空间，思考空间与空间、空间与人、空间与物相互之间的非线性的复杂关系，启发推动基于主体自发性交互行为的建筑空间的涌现探讨。

2. 互塑共生探索

与系统论、有机理论、生态理论、共生理论、生态模型理论等相交合，涌现理论关于系统内外"互塑共生"的研究启发与推动对于建筑与环境关系的研究，突出地体现于突破孤立的建筑生成构建观，将其置于大的环境系统、环境关系中加以认识和观照，研究探讨建筑对于环境状况的"响应"机制，并运用计算机参数化的方式加以实施；作为环境交互的反向，建筑对于环境的反向的作用机制也得到关注和研究。

（1）建筑是对环境的响应

生物学方面的涌现研究表明，系统的涌现过程是内外因素交互作用的结果。自然界的植物或动物的成形受内部与外部两种力量的综合影响，即内部力量来自于自身的遗传基因DNA 的作用，它作为内在机制制约着生物形态的生成（受限生成过程）；外部力量来自于外部的环境条件，其从外部作用着生物形态的生成，并且生物也只有适应外部状况，才有可能存活生长。植物或动物的生长发育过程即涌现过程是对内部与外部综合机制的逻辑性的"响应"的结果。

作为具有有机特征或生命特征的"类生命体"，很多学者与设计师提出建筑应当模仿生物的自组织、自适应性能，涌现生成于内在条件与外部环境的复杂关系制约中，即内在条件与外在环境综合作用的结果，是对于内外综合机制的"响应"。基于"响应"观念，各种"环境响应算法"及"遗传算法"开始被研究和实验探索。

格雷戈·林恩是参数化生成的先行者。"动画形态"是林恩提出的重要概念及主要研究内容。林恩认为，如同各种自然生物一样，建筑物形体的形成也应当由场地的各种条件所影响决定，并且是动态的变化过程。场地的诸多因素包括自然物理因素与文脉、事件等社会因素，构成一个"力场"，各种力和力之间相互重叠，对建筑物发生作用，建筑物应当积极"响应"场地的力的作用，与场地相交融互动。林恩提出使用电脑，动画般地模拟与反映场地中建筑形体与力的真实关系，利用参数模型，逻辑化地生成与发展建筑。卡迪福剧院、"世界方舟"博物馆和旅游中心等方案即是动画形态的探索之作（图 1-14、图 1-15）。

徐卫国认为建筑是对内外复杂条件的综合"响应"，外部影响不仅仅局限于地段周围的已建成环境、自然地形条件等，并且应拓展到地理、气候、法规、景观、交通循环乃至风土人情等更广义的外力影响；内在性能绝非传统意义上的功能含义，功能仅仅指一种静止的使用需求，而性能包含了内部各种动态的活动及外部条件互动的变化因素。这种外部

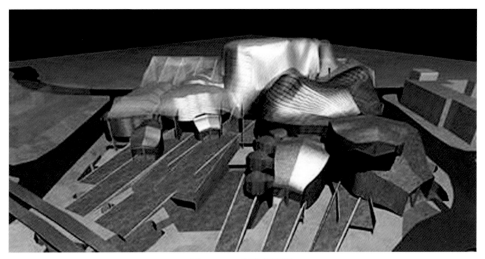

图 1-14　卡迪福剧院

图 1-15　"世界方舟"博物馆和旅游中心

与内在的共同作用将形成影响设计的复杂系统。[1] 他将涌现理论与计算机技术运用加以结合,设计过程把建筑外部与内部的各种影响因素作为参数或"参变量",以此为基础构建"参数模型",生成建筑形体。

　　徐卫国的秦皇岛冶金疗养院俱乐部方案(图 1-16)、徐卫国建筑工作室(图 1-17),福斯特的伦敦新市政厅(图 1-18),阿凯尔·克兰设计的观光塔方案(图 1-19),Rubedo的参数模型(图 1-20、图 1-21),鲁杨设计的中国建筑文化中心展馆展厅(图 1-22)等体现着对内外条件与环境的"响应",空间形体由场地、景观、交通、风向、日照以及人员外部与内部活动等参数或"参变量"所决定。

---

[1]　徐卫国. 正在融入世界建筑潮流的中国建筑[J]. 建筑学报, 2007(1):90。

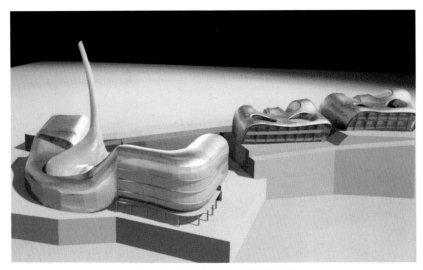

图 1-16　秦皇岛冶金疗养所俱乐部

图 1-17　徐卫国建筑工作室

图 1-18　伦敦新市政厅形体演化模型

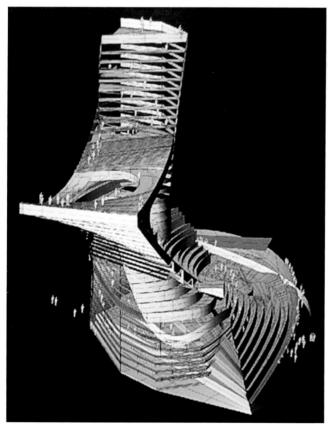

图 1-19　观光塔

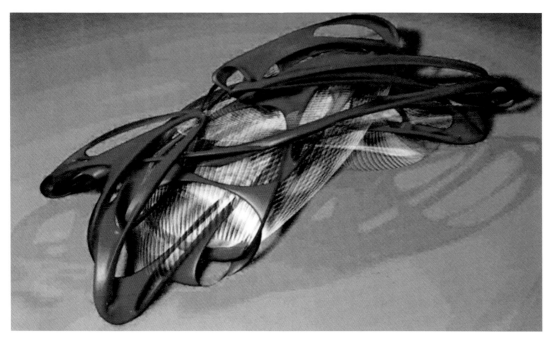

图 1-20 参数模型（1）

图 1-21 参数模型（2）

图 1-22 中国建筑文化中心展厅

（2）建筑优化环境

从宏观层面观看，建筑是大千世界"复杂巨系统"的有机构成部分或"子系统"，置身于各个层面的系统关系之中，包括社会系统、建筑系统、生态系统、文化系统等，与之相互关联和互动。建筑受周围系统因素的影响和作用，也对其发生影响和作用，产生各种效应及"互塑共生"。涌现理论关于"互塑共生"的研究也启发与深化建筑对于自然环境、社会环境等方面的影响的认识，目前，建筑对于环境的反向作用机制被关注和研究。

林恩将建筑置于城市的建筑系统中加以认识，视之为"城市"这一综合系统的有机组构部分，与周围建筑物构成"块茎"状的"互塑共生"关系。

林恩提出了"平滑空间"概念。所谓"平滑空间"是反映了集群多元的差异性关系并具有拓扑特征的动态空间，各种物体差异共处，相互影响和转化。林恩以"平滑性策略"实现"平滑空间"，即建筑以"软化"的动态的曲线方式融入原有场所，即使新建筑与原有建筑差异共处，实现和谐，同时，也对原有建筑与场所发生良性的反向交互作用，使之产生新的风貌和活力。

帕特里克·舒马赫认为"参数化主义"系统化的城市建筑的形态变异，能够产生整体的城市范围内的作用效果，形成城市力场的导向性，从而引导推动建立新的力场的逻辑，去组织和连接在新的层次上的动态而复杂的当代社会。①

建筑对于环境的作用影响及其对于环境的优化意义，为很多设计师所关注，国内外很多建筑师、建筑师组合的作品都表现着"互塑共生"的观念及新建筑对于场地、环境的优化机能。

3. 动态过程探索

涌现理论关于系统涌现的动态过程及动态层次的研究，突破静止的空间观念，揭示出事物的开放性与动态发展变化的特征，引发与推动关于动态过程及动态空间的思考。启发提示空间设计构建是历时性的动态过程，即当一定的设计与施工完成后，是动态的"受限生成过程"的一个阶段或一定系统层次的实现，其处于动态的不断发展变化的过程之中，空间设计应当基于动态发展的观念。

人的意识及人的需要是动态过程，始终处于变化与发展的状态中，基于时间的进展、生活与工作方式的改变、思想体系的改变、文化观念的改变、审美的改变以及季节变化、交通工具的变化等复杂因素，人们对于空间的需求也必然不断发生变化和发展，将不断提出新的要求，固定静止的空间模式显然不能适应变化着的空间需求，因而，空间设计应当突破固定静止的空间观念与模式，基于动态的涌现观并创造"动态空间"，设计中充分认识思考未来需求的变化与发展，设置适应未来变化的"空白"，以满足动态变化的空间要求。

"动态空间"、"动态建筑"的探索有多种情况，或是设计师受该理论直接影响，或间

---

① 帕特里克·舒马赫. 作为建筑风格的参数化主义——参数化主义者的宣言[J]. 徐丰译. 世界建筑，2009（8）：18。

接地受其影响，其设计探索体现涌现理论的动态过程论的特征。

卡斯·奥斯特惠斯进行各种建筑的涌现探索。他强调建筑涌现的有机性，认为建筑本身即是有机体而无须借助有机体的概念，它能自我包容，也存在通常意义上的各种生命的特征。TRANS-PORTS 是一个虚拟概念方案，由模度化的合成橡胶基层构成连续的表皮，充气束组成该表皮的内在结构，根据发展变化中的各种不同的空间环境的需求变化及主体的变化参数，计算机对建筑物的形体进行调节和改变（图 1-23）。

图 1-23　TRANS-PORTS

ROEWU 致力于将数字和建造技术作为有机关联的整体，并且将自然与人工、物质与虚拟、形式与非形式这些相对的概念加以组合，探索具有智能化、生命化特征的构建手段及结构技术。其进行"变化结构"的项目研究，设计出灵活可变的结构模式，能够进行各种改变以适应环境状况，满足变化的、各种不同的空间功能需求（图 1-24）。

图 1-24　变化结构

图 1-25 "系统"研究

SYSTEMLAB 提出，作为设计的起点，应当找到现有文脉与可预期的未来条件之间的物质联系和经济联系。其将从设计项目的环境中分离出来的物理关系（即各组件之间的物理联系）称之为"系统"，通过这种联系的动态变化，用多样的选择和满足不同需求的实施方法动态地发展项目，从而实现现在与未来的联系(图 1-25)。

Rubedo 的研究方案具有适应历时性变化的动态特征。基于自然科学的基本原理（如量子力学和流体力学），所有设计模式都是开放的，可以适应变化，同时也不断生成新的审美意象。在历时性设计的任意阶段，无论从概念阶段到建造装配，影响系统运转的参数和算法的层级都可以从图表和数学上被控制，即时反馈应答环境中包含的本地信息与全球信息。

涌现理论的动态过程论及形形色色的动态空间的探索实验，不断启发和深化对于建筑空间的动态性质、动态机能及建筑本体的认识。

4. 自适应探索

与当代有机理论、人工智能理论等相交合，涌现理论关于系统"自适应"的研究从宏观与微观的综合机制方面，启发并推动建筑动态的自适应机能的研究探讨。

尼尔·林奇认为，自适应是空间设计涌现研究的重要方面："涌现代表了人类认识从低级规律到高层次复杂规律的转变，它与自上而下发展的拱形原则恰好相反，是一种复杂的自调节自适应系统自下而上发展的规律。它关注行为模式，但不是固化为一种表达方式的行为模式，而是可进行动态调适的行为模式。不断突变的涌现系统是一种建立在交互、信息反馈循环、模式识别和间接控制基础上的智能系统，它向传统的预设的机械控制系统观念发起挑战，更注重系统的自调节自适应能力。"[1]

与空间设计的涌现研究相联系，很多设计师基于环境参数及"参变量"的动态过程开

---

① 尼尔·林奇，徐卫国. 涌现·青年建筑师作品[M]. 北京：中国建筑工业出版社，2006：10。

展建筑的自适应研究。

阿凯尔·克兰从事具有动态的防护自适应特点的"运动的结构"探索，"肌肉"大楼具有一个靠一系列气动组织分节连接的脊骨，触动置放于关节中心的气泵，即可以使这个结构向不同方向弯曲，使之产生各种不同的形态。这种主动性的结构可以用来抵消由风或地震中不断变化的力所引发的运动，加固高层建筑（图1-26）。"肌肉"大楼的研究提示着建筑防护自适应的一个方向。

卡斯·奥斯特惠斯的 TRANS-PORTS 方案，ROEWU "变化结构"的顶棚研究，都以参数化与智能化的动态方式，表现着建筑物动态的、对于发展变化中的环境状况及要求的自调节与自适应的机能。

由克里斯·佩恩指导研究的"Meterologics"是一个由三部分器件组构的系统，基本机制同霍兰提出的"基于主体的模型"相类似。该系统作为信息与人之间的介质，在以数字方式联网的构件收集和散发实时信息的同时，能够在一个给定的空间内（如机场），对人的各种活动及相应的各种需求作出适应性反应，并对空间环境加以改变。交互式屏幕和环境感应器被场地中人的流动与需求的信息所引发的环境信息触发、激活，从而对空间环境的状况作出适应性的反应和调节（图1-27）。

图1-26 "肌肉"大楼

高源与奥斯特惠斯等人指导的"伏丘"研究项目借鉴沙漠地带的蛇、蜥蜴、白蚁等小动物巢穴，根据不同环境温度进行适应性形态变化的机制，研究能够对环境作出适应性变化的房子。计算机系统对改变房间室温的因素，包括阳光照射、人、空气流通导热等参数加以感知评价，决定房屋形体的上下起伏的状况（图1-28）。

以上讨论的是一些有代表性的实验案例。与人工智能研究相交合，涌现理论启发、推动建筑自适应的多方向的研究探讨。

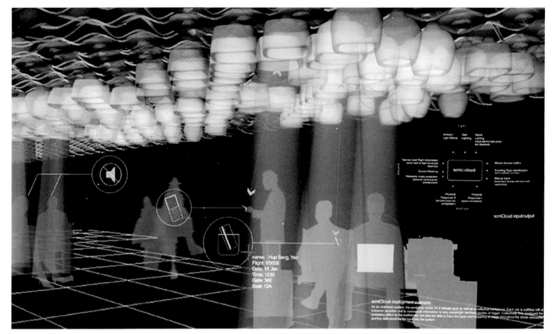

图 1-27　Meterologics

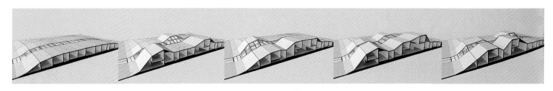

图 1-28　伏丘

5．计算机建模及参数化设计

涌现理论的模型研究启发推动着计算机建模及参数化设计的研究探讨，启发提示多样观念与模式，本书前面讨论的建筑设计、室内设计、城市设计等空间设计方面的理论探讨与设计研究案例基本都与建模及计算机参数化设计相联系。

目前，计算机建模及参数化设计已经成为设计的大潮，学者与设计师们进行形形色色的研究与实践。涌现理论为参数设计提供了思想理论根据及方法论；反向观之，计算机建模及参数化设计也不断证实和发展着涌现研究的"受限生成"、"互塑共生"、"自适应"等基本论点。

涌现理论的模型研究启发多种模式的研究探讨，突出体现于"多主体系统"与"环境响应"两大类算法，在设计过程中这些模式往往相互关联交叉。

"多主体系统"算法基于涌现理论的集群效应论及"基于主体的模型"理论，将场地中的人、建筑物、车、植物等作为不同层次的、具有自主性影响的"主体"或"代理人"，设定一些限定性规则使之能够自组织，交互发生作用并"自发地"参数化生成空间形体，包括自下而上模式、自上而下模式、综合模式等。

"环境响应"算法主要基于涌现理论的"互塑共生"论。运用计算机软件将建筑环境中的声场、光环境、气流环境、流线、结构性能、生态性效应等作为影响空间涌现生成的参数或"参变量"，运用一定的转换函数生成数据，"逻辑化"地生成空间形体结构。

建筑既具有物质属性，也具有社会属性与精神属性，构建参数模型时，将文脉、社会效应、心理现象、经济、造价等元素作为参数加以运行，使空间涌现生成也能够对社会文化、经济等因素加以"响应"。很多学者与设计师已经开展此方面研究。

（四）结语

基于复杂观念，涌现理论研究探讨具有普适性的事物生成涌现规律，探讨涌现的发生机制、发展变化机制及不同系统在涌现过程中的交互关联机制，运用模型进行涌现机制的模拟验证。其对当代建筑设计、室内设计、城市设计等空间设计的研究探讨产生很大影响，揭示出空间、空间中的人与空间中的物的复杂性，揭示空间涌现生成与发展变化的机制与规律，启发计算机建模及建筑空间参数化生成与建造，使人从新的角度，用新的方式认识思考空间与设计，开拓视野，激发创造思维与想象，使空间设计的观念不断走向复杂，设计认识不断深入。应当立足于当代文化背景，不断深化涌现理论研究及空间设计的涌现研究，不断取得新成果。

二、褶子论与当代空间设计

（一）引言

吉尔·德勒兹是法国当代著名思想家与哲学家，是创造概念的大师，"褶子"（法文：pli，英文：fold）是其重要概念之一，与"游牧"、"块茎"、"机器"、"生成"等概念相交合渗透，构成复杂的哲学思想体系。德勒兹的哲学思想对当代文化及未来发展有重要影响，福柯认为"有朝一日，德勒兹时代也许会来临"[①]。

在《褶子——莱布尼兹与巴洛克风格》一书中德勒兹提出褶子论，褶子论是对巴洛克哲学家莱布尼兹单子论的破解与延展。莱布尼兹将"单子"作为实体，认为世界由单子组成，即单子是构成世界的基本粒子，每一个单子表象整个世界，单子与单子之间，单子与世界之间相互折叠，外面的世界被"内折"进来，内在的单子也同时"外折"到世界中去，单子同无限大而复杂的宏观世界交错折叠，连接为一体。

在破解单子论的基础上，德勒兹提出"褶子"概念，他将世界万物归纳为各种褶子，褶子是世界的组构微粒或基元，与世界相互折叠包裹，世上万物存在、相互作用与发展是各种褶子相互折叠的过程，即打褶与展开褶子的交互过程。褶子涵盖精神与物质两个层面。

褶子论包含丰富的哲学意蕴，并且具有突出的空间特征，很多学者与设计师引用褶子论开展建筑设计、室内设计、城市设计等空间设计研究，取得丰硕成果，"折叠"成为当代空间设计引人注目的现象。

（二）褶子论的基本论点

德勒兹提出的褶子论内涵丰富，线索复杂，包括以下相互穿插交合的论点：

1. 褶子是世界的组构微粒，与世界交互包裹

德勒兹认为褶子普遍存在，广至宇宙，小至微生物都是褶子，"俯首即拾，抬头可见，处处存在"。世界由褶子组构，世上万物都是大小不同、性质状态不同、层级不同的褶子。

[①] 吉尔·德勒兹. 福柯　褶子[M]. 于奇智，杨洁译. 长沙:湖南文艺出版社，2001：373。

褶子既存在于物质层面，也存在于精神层面，褶子生褶子，褶子叠褶子，相互之间复杂地折叠包裹，整个世界即是系统极为纷纭复杂的"无穷的褶子"、"连续体的迷宫"、"无穷机器"或有着各式各样波浪和水纹的"物质的池塘"。①

褶子是组构世界这一连续体的微粒或基本元素、基本形状，事物可以无穷无尽地分解，但始终保持褶皱状态。

"连续体的分割不应当被看成沙子分离为颗粒，而应被视为一页纸或一件上衣被分割为褶子，并且是无穷尽的分割，褶子越分越小，但物体却永远不会分解成点或最终极。如同洞里有洞一样，总是褶子里还有褶子。物质的统一性，即迷宫的最小元素是褶子。"② 德勒兹认为，物质是基于各种弹力作用的"旋转成褶的微粒"。

德勒兹认为褶子是包裹着"多"的统一体，具有复杂的"一"与"多"的关系，与世界及周围褶子复杂地交互包裹，相互渗透交合：

"一具有包裹和展开的潜能，而多则既与它在被包裹时所制作的褶子不可分，又与它在被展开时的褶子的展开不可分。然而，尽管如此，包裹和展开，蕴涵和解释也都还是特殊的运动，它们应当被包括在一个普遍统一体里，而这个统一体使它们统统'复杂化'，使所有的一复杂化。"③

"适宜于每个单子的特殊性从各个方向上延伸至其他单子（即褶子）的特殊性之中。因此，每个单子都表现全世界，但却是模糊的、混乱的，因为单子是有限的，而世界则是无限的。……世界不存在于单子之外，这是些没有客体的微弱知觉，是有幻觉的微知觉。世界只存在于被包含进每个单子的它的代表之中。它们可以是呷嘴声，是喧哗，是雾，是飞舞的尘土。可以是死亡或患蜡屈症的状态，困倦或睡眠状态，是昏迷，是茫然。就好像每个单子的深处是由无数个在各个方向不断自生又不断消亡的小褶子（弯曲）所构成的。"④

作为无穷世界这一连续体中的分离体或微粒的褶子既被包裹，也包裹无穷更小层级的褶子，褶子与世界、与周围各种褶子交互包裹。其处于游牧状态的、动态的相互攫握的关系中，没有中心，千变万化，差异共处，相互转换和渗透，边界模糊，内外转化，多调性，相互和谐，永恒运动，打褶，展开褶子……

德勒兹认为巴洛克艺术直观地表现了褶子的特点："褶子这东西并不是巴洛克风格的发明：已有来自东方的各种褶子，希腊的褶子，罗马的褶子，罗曼式褶子，哥特式褶子，古典式褶子……但巴洛克风格使这些褶子弯来曲去，并使褶子叠褶子，褶子生褶子，直至无穷。"⑤

① 吉尔·德勒兹．福柯　褶子[M]．于奇智，杨洁译．长沙：湖南文艺出版社，2001。
② 吉尔·德勒兹．福柯　褶子[M]．于奇智，杨洁译．长沙：湖南文艺出版社，2001:154。
③ 吉尔·德勒兹．福柯　褶子[M]．于奇智，杨洁译．长沙：湖南文艺出版社，2001:181-182。
④ 吉尔·德勒兹．福柯　褶子[M]．于奇智，杨洁译．长沙：湖南文艺出版社，2001:279。
⑤ 吉尔·德勒兹．福柯　褶子[M]．于奇智，杨洁译．长沙：湖南文艺出版社，2001:149。

图 2-1　五种官能的寓意画

图 2-2　纳沃广场，中间为波罗米尼设计的圣伊尼亚斯教堂

巴洛克静物画中各种器具、蔬果、台面、衬布等形形色色的弯曲的"褶子"相互攫握，相互包裹交合，褶子生褶子，边界模糊，相互差异，相互融合，打褶，展开，构成具有无限广延性的"无穷的褶子"（图2-1）。

在建筑、室内设计与城市公共环境设计中，巴洛克建筑、雕刻、绘画、喷泉景观等各种各样弯曲的"褶子"相互包裹交合，边界模糊，相互差异和融合，构成动态广延的空间环境的"无穷的褶子"（图2-2、图2-3）。

2．遵循宇宙曲线法则，弯曲折叠

德勒兹认为曲线是宇宙的基本形状与基本的运动方式，褶子遵循宇宙曲线法则。宇宙曲线依据3个基本概念而延展，包括：物质的流动性、物体的弹性和作为机械（机制）的弹力。"宇宙好像被一种活力所强制，这个力使物质循着

图 2-3　乌尔班 8 世统治的赞颂

一条至多是无切线的曲线呈曲线或旋涡状运动。而物质的无穷分解使得这个强制力又将物质的每一份带回邻域，带回给那些环绕着并且渗透于受重视物体、确定该物体的曲线的邻近的部分。"[1]

基于宇宙"弹力"，褶子进行弯曲的折叠运动，即打褶和展开褶子。作为有机体的活体被内生褶子所规定，对其而言，有一个内在的使活体得以成形的褶子，随着有机体的发展、生长而不断产生折叠；无机物质有着外部或环境所规定的外源性褶子，其必经由一个外部的规定性所作用进行折叠。无论有机体与无机体，都是同一种物质，只是作用于物质的弹力或活力不同。

德勒兹认为折叠具有复杂意味，打褶—展开褶子已经不单单意味着拉紧—放松，挛缩—膨胀，还意味着包裹—展开，退化—进化，是"褶子向褶子过渡"，即"形变"或"超越模式"之变。例如机器的一部分仍然是机器，但"这个更小的部分的机器与整体的机器绝不是一

① 吉尔·德勒兹. 福柯　褶子[M]. 于奇智，杨洁译. 长沙:湖南文艺出版社，2001:152。

回事"。(德勒兹语)

动物都具有异质和异形两重变化,通过折叠实现发育、生长、生存、繁衍及生命的轮回。例如,蝴蝶与毛虫的转化即是生命的折叠过程。蝴蝶生出毛虫是"打褶",蝴蝶的各种基因及生命特征被折入毛虫;毛虫伸展为蝴蝶是展开褶子,其发展了蝴蝶的各种基因,并开始了新的蝴蝶的经历。折叠是动态的和历时性的过程。

大千世界,有机体与有机体、有机体与无机体、无机体与无机体相互折叠包裹,无穷,无限,在混沌的游牧空间中以形形色色、令人眼花缭乱的方式折叠:聚结,离散,发育,变异,消亡,进化,升华。

3. 在物质与灵魂之间穿越

引用、延展莱布尼兹的单子论,德勒兹认为褶子存在于物质与灵魂两个层面,在物质与灵魂之间穿越:"首先,它按照两个方向,以两种无穷将褶子分为物质的重褶和灵魂中的褶子,仿佛无穷亦有两个层次。在下层,物质先按照最初的褶子样式被堆积成团块,后又以第二种样式被组就,而它的部分则构成了被'以不同方式折叠且多少被展开的'器官。而灵魂则在上层歌唱着上帝的光荣,尽管它遍及自己的褶子,却不能使这些褶子完全展开,'因为它们是朝向无穷的'。"

物质的重褶和灵魂的褶子之间具有一致性的联系:"物质的重褶环绕着灵魂,包裹着灵魂。"[1]

德勒兹引用巴洛克式房屋的寓意画表述褶子在物质与灵魂之间的穿越:房屋的上层是上升的灵魂所在,是一个没有窗子的暗室,仅张挂了一幅"因褶子而呈多变"的幕布,在这块不透明的幕布上构成的褶子、绳索和弹力,代表着天赋的,但在物质的作用下即转化为现实的知识。因为,物质能通过存在于下层的"几个小孔"使绳索的最下端"颤动或振荡"(图 2-4)。这幅寓意画表明:物质在下层,精神居于上层;下层物质的信号通过存在于下层的代表着"五种官能"的"小孔",并通过"颤动或震荡"的绳索传递到上层,引起上层的共振。"莱布尼兹在有窗子的下层和不透光的、密封的,但却可以共振的上层进行着一项伟大的巴洛克式装配工程,上层犹若音乐厅一般将下层的可视运动转换为声音。"[2]

德勒兹认为巴洛克风格的艺术中灵魂与形体有一致性的复杂关系,它们被分配在唯一、同一的世界,是唯一、同一房屋里的两个层次异差中的两个向量,永不分离。例如,巴洛克教堂建筑庄严飞升的物质形体能引发起人们上升的宗教情感,引发灵魂的飞升(图 2-2)。

这与格式塔美学观点相交合,基于格式塔心理学的研究成果,阿恩海姆认为,物质的"形状"所表现的"张力"能引发大脑皮层相应的结构反应及相应的情感体验,物质与心理两

① 吉尔·德勒兹. 福柯 褶子[M]. 于奇智,杨洁译. 长沙:湖南文艺出版社,2001:149-150。
② 吉尔·德勒兹. 福柯 褶子[M]. 于奇智,杨洁译. 长沙:湖南文艺出版社,2001:150。

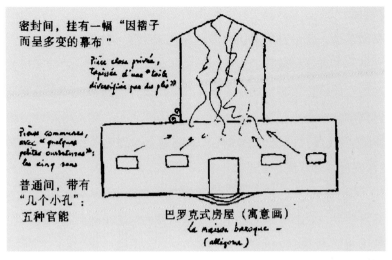

密封间，挂有一幅"因褶子
而呈多变的幕布"

普通间，带有
"几个小孔"：
五种官能

图2-4　巴洛克式房屋寓意画

个区域的"形状"具有一致性的结构对应的关系，即"同形同构"或"异质同构"。实验显示，要求一组学生表现悲哀的感情，他们全部都显现着沉重缓慢的身体动作（悲哀的形状）。阿恩海姆写道："应当承认，'悲哀'这种心理情绪本身之结构性质，与上述舞蹈动作是相似的。"[1]

德勒兹对于物质的形状与精神心理的"形状"对应性表现关系与机理展开阐述，指出"能清点本质又能辨认灵魂的密码"隐现于物质褶子（重褶）的弯曲中，又在灵魂的褶子中被体验和解读。德勒兹对于视觉形状表现性（即情感的表现性）研究的贡献在于揭示出物质褶子与精神褶子一致性联系的"密码"是基于"弯曲折叠"，"张力"存在于弯曲折叠的形态，或莱布尼兹所说的"存在于显露在有机团块处的塌陷和升级或上升之间"，物质的弯曲折叠的形状激发精神情感的弯曲折叠，巴洛克艺术与建筑强烈的情感表现力，即基于强烈波动起伏的"无穷"弯曲折叠的图像，其引发精神的"无穷"飞升。

德勒兹指出物质的褶子（重褶）与灵魂的褶子之间的双向交互性质，一方面褶子在灵魂中被"现实化"，一方面又在物质中被"实现"，即：一方面，弯曲折叠的波动的物质图形（力的形状或式样）能够引起观者情感体验与心灵的"弯曲折叠"和波动（被"现实化"），另一方面，"弯曲折叠"的波动的情感体验与心灵，也通过相应的弯曲折叠的波动的物质图形（力的形状或式样）所表达（被"实现"）——巴洛克风格建筑、绘画、雕塑无穷弯曲折叠的形状使观者激动，产生丰富的心理体验；反向而言，建筑师、艺术家的造型激情，是通过建筑、绘画、雕塑的无穷弯曲折叠的形状所表现。

---

① 鲁道夫·阿恩海姆. 艺术与视知觉[M]. 藤守尧，朱疆源译. 成都：四川人民出版社，1998：610。

（三）当代折叠空间探索

信息化社会思想文化交叉渗透，跨学科学术研究广泛深入地开展，学者与设计师从哲学、数学、物理、生物学、艺术等各个领域找寻设计创新发展的启迪。德勒兹的褶子论包含丰富思想内涵并具有突出的空间特征，对当代建筑设计、室内设计、城市设计等空间设计产生很大影响。与拓扑几何学、形态基因学、流体力学、新有机理论、格式塔理论、涌现理论、混沌理论、计算机参数化设计理论以及现代艺术的观念与理论等穿插交合，20世纪90年代开始，褶子论激发起设计研究探索的新浪潮。

杰弗里·基普尼斯指出："许多新建筑的理论家已经把他们关注的重点从后结构符号学转移到几何学、科学的最新发展以及政治领域的变革。这种转移的标志是他们越来越关注德勒兹的作品，而不是德里达的。"[1]

查尔斯·詹克斯认为，随着电子时代到来，建筑正开始向复杂性的新范式及"电子范式"转型，彼得·埃森曼、格瑞格·林恩、基普尼斯（凯布尼斯）、雷姆·库哈斯、弗兰克·盖里等人是该运动的代表，德勒兹的褶子论是建筑新范式转型重要的理论基础，对之产生重要影响。[2]

"折叠"成为复杂性建筑的重要的结构特征。当代建筑设计、室内设计、城市设计等突出地表现弯曲、交叠、包裹、流动、缠绕等特点。

1. 与世界交互包裹的建筑

褶子论认为，褶子是组构世界的微粒或基元，褶子与世界构成开放的、有机关联的交互关系，褶子与褶子，褶子与环境相互交合，大大小小、各种各样的褶子相互折叠包裹，差异共处，平滑交叠，动态互生，普遍和谐，组构成无穷连续体。

当代空间设计的突出特征是突破孤立的建筑认知，构建开放的空间关系论，即将建筑置于大的、开放的宇宙与自然的交互联系及"连续体"的关系中加以认识，将其作为宇宙与自然系统中的有机组构的微粒或元素，建筑与自然，建筑与建筑环境，建筑与家具陈设，建筑的内部与外部相互联系，相互包裹，差异共存，相互作用，平滑衔接，和谐统一。建筑生成于环境，生成于环境各种力的作用之中，适应环境，并且建筑也对环境发生优化作用，建筑与自然、与环境，建筑与部件处于统一的交互共生关系中。对于开放的空间观念的构建与发展而言，褶子论有着重要影响。

基普尼斯在《致新建筑:交叠学说》中认为新建筑具有"加强的连贯性"，即建筑与环境、建筑与建筑等各种关系之间构成相互差异、多元与异质并存的统一体与连贯体，"加强的

---

① 查尔斯·詹克斯，卡尔·克罗普夫. 当代建筑的理论与宣言[M]. 周玉鹏，雄一，张鹏译. 北京:中国建筑工业出版社，2005:118。

② 查尔斯·詹克斯. 建筑的新范式:复杂性建筑[J]. 岛子译. 艺术时代，2010（01）：126-132。

连贯性指的是特定的统一排列的固有属性，这种属性使建筑成为多种甚至是相互对立关系的一部分"①。

褶子论中无处不在的多样性和连续性的观念深深地影响了林恩。面对当代复杂与分化的城市文化的发展背景，他致力于构建"连续的场"，建筑与建筑，建筑与场地"高度整合"，构成有机交合的"平滑"的空间关系，相互差异，相互生成并统一和谐。

林恩开展"均匀"理论研究，即以弯曲柔顺的均匀混合实现建筑元素的多样与差异化统一："现在，一种标新立异式的'均匀'理论被创造出来，成为这种二元对立策略之外的又一条出路。……它们都具备平稳过渡的特点，并且是发生在一个连续异质系统的各不同部分之间的高度整合，完全不同的元素实现了一种均匀的混合，这些元素既能够保持各自的完整性，又能够与其他自由的元素混合，既而组成连续的场。"②

基于复杂观念，扎哈·哈迪德建筑师事务所合伙人、理论家帕特里克·舒马赫进行建筑与社会，建筑与环境的复杂关系的研究，将建筑置于开放的空间体系，视为大的复杂环境与自然系统的有机元素，建筑与建筑，建筑与环境，建筑的内部系统相互关联，构成有机统一的整体。他提出建筑可以实现类似生物机体的复杂性，具备和环境多重的关系及交互的内部系统：

"建筑成果总目的巨大扩展，已经被应用在建筑实践中。你有足够的工具去模拟、实现有机的几何形式，甚至有能力去明晰更复杂的组织。这些自然的形式，彼此咬合的形体，水乳交融，似像非像，既统合成一个整体，又彼此体现，而不是把不同的形体简简单单地放在一起。你甚至可以实现类似生物机体的复杂性，具备和环境多重的关系、交互明晰多样的内部系统。这些才是正确的建筑语言。"③ 在此话语中，建筑的性质及关系状态与德勒兹提出的褶子相一致。

扎哈·哈迪德关注建筑与城市复杂的交互关系："关于这个城市的建筑景观是一个很复杂的东西，并不是一个简单的方的、圆的、高的、矮的这样一个关系，而其实是和您所处的环境有关。因为环境有可能就是不平的，有山、有水、有沟，除了建筑之外您要考虑有没有公共的空间等等，空间和光的问题也要考虑，所以我的工作从最开始就进行流线型设计，它需要探讨的是很复杂的空间关系，不是一个简单的角度问题。"④

库哈斯将建筑作为开放的连续体："建筑作为一个独立体的过程在都市化中结束了。一

① 查尔斯·詹克斯，卡尔·克罗普夫. 当代建筑的理论与宣言[M]. 周玉鹏，雄一，张鹏译. 北京:中国建筑工业出版社，2005：119.
② 查尔斯·詹克斯，卡尔·克罗普夫. 当代建筑的理论与宣言[M]. 周玉鹏，雄一，张鹏译. 北京:中国建筑工业出版社，2005：121.
③ 帕特里克·舒马赫（受访人），高岩（采访人）. 晰释复杂性——与扎哈·哈迪德建筑师事务所合伙人帕特里克·舒马赫的访谈[J]. 世界建筑，2006（04）：18—19.
④ 陈志春编著. 建筑大师访谈[M]. 北京：中国人民大学出版社，2008:108.

所房子可以被看成一个小型的城市，一个城市也可以被看成一所巨大的房子。"①库哈斯认为当代建筑应当存在于"大"的共生关系中，包括：差异组合，多方式组合，互动与分离并存，自主与整体并存，确定组合转向神秘模糊的聚集等。

平田晃久将建筑置于宇宙与自然系统中加以认识，将其作为一种有机构成，作为自然环境伟大秩序的一部分。平田用"天空"、"种子"、"褶皱"几个关键词阐述自己的主张，并提出自己的建筑方向与现代主义建筑比较的图式，认为自己的设计具有开放性、整体性，表现"由无关生成的开放性联系"，其与自然相交合，与世界万物差异共处，交互和谐。

很多当代"折叠建筑"、"折叠空间"表现着开放的连续特征，建筑与建筑，建筑与自然，建筑的外部与内部或建筑与家具相互关联，多样共处，差异并存，相互共生，构成有机交合的统一的连续体。

2. 弯曲折叠

褶子论认为曲线是生命体的形状，也是宇宙间其他各种非生命体的基本形状，褶子遵循宇宙的曲线法则并且以曲线方式折叠。折叠是褶子运动及与世界交互的方式，具有丰富复杂的意味，褶子通过折叠相互交合、转化、互生、发育、繁衍等。很多学者与设计师开展各种基于曲线形态的"折叠空间"研究，进行折叠的环境关系、功能关系、形态建构等探讨，并且利用计算机技术生成建筑形体与空间。

为表现建筑的空间关系与文脉关系，借助拓扑几何，林恩延展了德勒兹的"平滑空间"概念，所谓"平滑空间"是反映了多元性与差异性，具有拓扑性质，不能用数量和尺度划分的有机统一的动态空间,作为褶子表征的巴洛克艺术即体现这样的空间特点。他提出"均匀"策略，即以弯曲折叠方式构建"平滑空间"。林恩采用软化的弯曲折叠方式进行建筑造型，曲线是生命的形式，能够融合自身和场地的多样性，并且能通过数字技术模拟场地动态环境，进行相应的参数化设计及动态适应性改变。在搁浅的西尔斯大厦（图2-5）、卡迪福剧院、亚

图 2-5　搁浅的西尔斯大厦

---

① 大师系列丛书编辑部. 瑞姆·库哈斯的作品与思想[M].北京：中国电力出版社，2005：13。

图 2-6　亚特兰蒂斯景观

特兰蒂斯景观（图 2-6）等方案中，建筑物以曲线折叠形状融入场地，与周围环境及建筑相互交合，差异并存，相互和谐，构成生动的环境景观及"连续的场"。

　　林恩进行折叠理论、涌现理论与计算机生成技术交互研究及"泡状物"研究，将结论运用于建筑物的生成。卡迪福剧院方案运用电脑动画模拟昆虫等生物的"成长"的生物学过程，建筑形体即是动态的弯曲的褶子，相互折叠，打褶—展开褶子，基于周围建筑物的形态、气候、光照、风向等多方面综合因素形态不断异变，发育"成长"，建筑与不断发展变化的世界，与周围的环境场地相互包裹，相互生成和互动。

　　埃森曼认为折叠产生了建筑纵向与横向及外部与内部之间新的连接转换关系，并感受到空间的原本逻辑："吉尔·德勒兹用他关于折层的想法建议了一种可能的连续性。对德勒兹来说，折层的空间清楚地说明了垂直的和水平的、形象和地面、里面和外面之间的一种新的关系。"[①] 埃森曼认为建筑应该被理解为如莫比乌斯环一样的内外连续体。折叠空间表

---

① 查尔斯·詹克斯，卡尔·克罗普夫. 当代建筑的理论与宣言[M]. 周玉鹏，雄一，张鹏译. 北京：中国建筑工业出版社，2005：314。

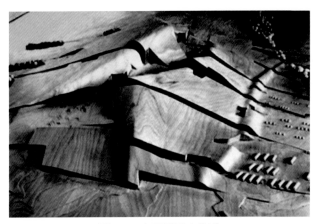

图2-7　加利西亚文化城

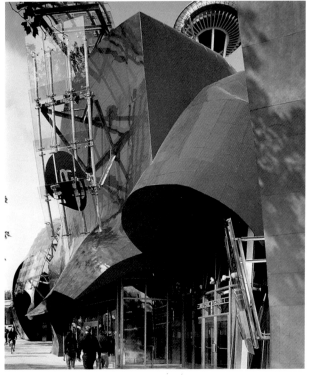

图2-8　音乐体验工程

现了水平与垂直，图像与背景，内与外的新型关系，是效用、功能、遮蔽、意义、结构和审美的统一体。

加利西亚文化城是一个曲线形体连续的统一体，空间相互折叠和渗透，建筑与环境相互交叠包裹，无固定边界、固定空间、固定功能，无明确的中心，以曲线的"平滑"方式实现建筑与环境、建筑外部空间与内部空间、建筑内部各个不同空间的有机交合，生成新的效用、新的功能与意义（图2-7）。

盖里的折叠建筑受德勒兹哲学思想影响及波罗米尼等人巴洛克建筑与艺术影响。他运用复杂多变、令人眼花缭乱的折叠结构与表皮效果宣泄表现的激情，予人强烈视觉与心理冲击力，也制造出新的空间效用（图2-8）。

20世纪90年代，扎哈·哈迪德开始了"解构转向"，即从维特拉消防站等前期作品直线构成的倾斜、破碎、断裂的"解构"形态转向有机曲线的折叠形态。其事务所合伙人舒马赫认为曲线与折叠是自然与生命的形式，具有丰富意味：

"我们从直线和多角度转向无硬角和曲线，处理大量的定向、层次、垂直关系等。空间呈现复杂的层次，你可以看到更多的事物，看得更深更远；有更多改变方向的自由；会一次发现所有的相关信息；多重方向汇合到一起等等。"[1]

他将弯曲折叠与表现空间的复杂性、建筑与环境的多重关系、内部与外部系统的一体化

① 帕特里克·舒马赫（受访人），高岩（采访人）. 晰释复杂性——与扎哈·哈迪德建筑师事务所合伙人帕特里克·舒马赫的访谈[J]. 世界建筑，2006（04）：18。

图 2-9　阿布扎比表演艺术中心

关系及表现"多重事件"相联系。在扎哈·哈迪德事务所的设计中，建筑物与建筑物，建筑物的各个空间，建筑物的外部与内部，建筑与家具陈设等相互折叠包裹，构成"连续体的迷宫"，意图以折叠响应"潜在的社会生活的连续频谱"，使建筑面对与适应复杂的社会生活：

"你看到的是多层次重叠的事件，而不再是按层次孤立划分的空间片断。设想你来到一个空间里，建筑在你四周同时发生，层叠展开，你面前的所有方向、各种事件都会暗示你要做什么，发生了什么，谁来了……所有这些空间因素都是形成你可能会从事的多重事件的培养机制。比如办公空间，会有多个团队和小组在同一时间和你发生交叉，这就需要一种新的空间形态，它是层化的、深远的，同时又是可定向的。你需要一种类似景观体系的结构组织，即渐变和转变。也就是说，以前你有 A 和 B 两点，之间什么都没有。而很多时候，我们都要面临可能的和潜在的社会生活的连续'频谱'。"①

扎哈·哈迪德建筑事务所很多作品以曲线的折叠形体表现空间环境的复杂性，表现建筑与环境的交互关系，建筑内外空间的一体化关系及有机包裹与流动的关系（图2-9～图2-12）。

① 帕特里克·舒马赫（受访人），高岩（采访人）. 晰释复杂性——与扎哈·哈迪德建筑师事务所合伙人帕特里克·舒马赫的访谈[J]. 世界建筑，2006（04）：19。

图 2-10　迪拜金融广场

图 2-11　ROCA 伦敦展厅

图 2-12　美利坚之门旅馆室内设计

图 2-13　库哈斯：乌得勒支大学教育馆

　　20 世纪 90 年代上半期库哈斯即开始探讨折叠的含义，提出"地板弯曲，墙壁和顶棚进入一个连续的无缝面"的折叠观[①]，折叠结构是库哈斯建筑中的基本元素之一。乌得勒支

―――――――――――――

① 　查尔斯·詹克斯. 建筑的新范式：复杂性建筑[J]. 岛子译. 艺术时代，2010（01）：127。

大学教育馆是库哈斯折叠结构的典型实例。连续阶梯贯穿建筑的一层至三层，使餐厅、考试大厅、会场等几个不同的功能空间相互联系。建筑的立面模糊，内部空间界面与外部相互转化，整个建筑构成多样统一、有机联系的"连续体"，并以"软化"方式与周围环境相呼应联系（图2-13）。

褶子论引发建筑观念与结构形态的变革，与各种非线性理论、复杂理论、社会学理论、生态理论、计算机参数化理论等理念穿插交合，当代学者与设计师开展形形色色的折叠研究实验，折叠已经成为目前建筑基本的结构方式之一，其已经超越一般的曲线形态，趋向多元多样，观念、意味及空间效用不断复杂。

3. 在物质与灵魂之间穿越

德勒兹认为，褶子在物质与灵魂之间穿越。物质的褶子（重褶）与精神的褶子具有一致性的对应关系，"物质的重褶环绕着灵魂，包裹着灵魂"，灵魂与形体被分配在同一的世界，永不分离。

德勒兹的褶子论揭示物质褶子与精神褶子相互对应的一致性的原因或"密码"是基于"弯曲折叠"，物质褶子的表现"张力"存在于弯曲折叠中，或存在于莱布尼兹所说的"有机团块处的塌陷和升级或上升之间"。物质范畴的弯曲折叠形状能激发精神范畴的"弯曲折叠"，巴洛克艺术与建筑强烈波动起伏的弯曲折叠图像或形体，激发观者强烈的灵魂的波动起伏，其无穷的飞升图像，引导灵魂无穷飞升。

很多建筑师将折叠结构与精神意味及意义的表现相关联。埃森曼认为建筑的形与精神情感具有对应的联系，建筑折叠流动的结构构成精神情感的移动，并沿着建筑的作用和意义展开，在物质与精神的对应性联系上，埃森曼的观念与德勒兹的褶子论相一致：

"折层改变了视野的传统空间。那就是说，它可以被认为是有效的，它起作用，它躲避，它有意义，它形成框架结构，它是审美的。折层也构成从有效得到情感的空间上的移动。折层不是另外一个主观的表现主义或者混乱的，而是在空间中，沿着它的作用和意义展开的。它具有被称之为极端条件或者情感的东西。"[①]

盖里将建筑视之为艺术，强调建筑的表现性，认为在精神情感的表达上，建筑与绘画、雕刻等纯艺术一致。盖里强烈夸张的折叠建筑具有强烈的心理表现张力，建筑起伏、扭变、交叠、缠绕、升腾、转换、频闪、折叠—展开的"形状"，穿越物质与灵魂的界面，宣泄设计师的"造型的激情"，也激发起观众强烈的起伏、扭变、交叠、缠绕、升腾、转换、折叠—展开的心理感受，物质的折叠与精神的折叠相联动，交互包裹。

在林恩的观念中，弯曲、柔顺的折叠的建筑形状具有物质与精神交互对应的复杂意味，

---

① 查尔斯·詹克斯，卡尔·克罗普夫. 当代建筑的理论与宣言[M]. 周玉鹏，雄一，张鹏译. 北京:中国建筑工业出版社，2005：314。

它存在于物质与精神两个界面"之间",表现穿越两个界面的灵活性,以"顺从、哀求、适应、偶然、响应、流畅、让步"的视觉形态,在物质与精神的多个维度与层面之间,实现与周围复杂世界的多样关联:

"与矛盾的、交迭的、偶尔冲突的建筑不同,柔顺的建筑能够通过变幻形成与背景、文化、结构、经济偶发事件的不可预知的关联。"①

林恩认为建筑通过弯曲、柔顺的折叠形状能实现与周围物质环境相关联,也能实现与文化、经济事件等社会环境或因素相关联。

很多"折叠空间"具有在物质与精神"之间"穿越的意味,构建与表现各种复杂的空间结构与功能,也表现建筑师的种种"造型的激情",沿着连续的折叠结构,展现观念与意义。

褶子论从哲学层面揭示出物质的形状结构与精神感受的对应性的表现关系,与格式塔理论、现象学、结构主义等学术理论及现代艺术的研究实验交互链接,启发推动空间设计领域关于思想情感的表现性研究,使之不断深入和走向复杂。

(四)结语

褶子论充实、发展了当代思想文化系统,与各种复杂理论、计算机参数化设计理论以及现代艺术等当代学术文化穿插交合,对当代空间设计产生很大影响,国内外设计师基于不同方向与层面进行各种"折叠空间"的研究实验,取得诸多成果,不断推动设计文化的丰富和发展(图2-5～图2-25)。

"折叠"研究探索具有观念、空间效用与结构等多重意义:

空间设计语义走向复杂,内涵丰富;

系统转向开放,建筑与环境、与自然相互联系,互生互动;

结构柱与承重墙消解,空间元素嵌合包裹,形态观与结构观变革;

视觉扩展,连接线路有机流动,效能增加;

审美边界扩展,范型多样化;

静态空间消解,转向动态生成。

褶子论包含丰富的关于事物存在、发展、相互关系、物质与精神的联系等方面思想内涵,应当立足于民族文化背景,基于当代学术视野深化开展研究,探讨折叠的深层意蕴,不断创新和发展。

---

① 查尔斯·詹克斯,卡尔·克罗普夫. 当代建筑的理论与宣言[M]. 周玉鹏,雄一,张鹏译. 北京:中国建筑工业出版社,2005:122。

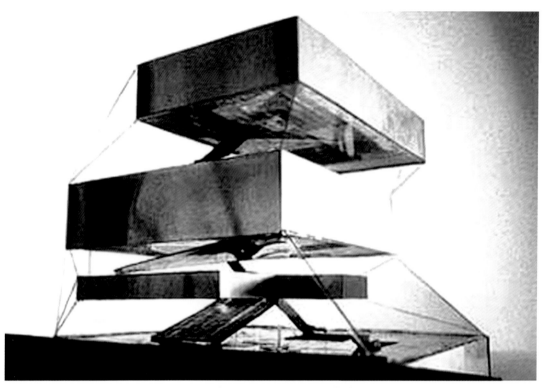

图2-14　库哈斯：西雅图中央公共图书馆结构图

图2-15　FOA：音乐盒

图 2-16　迪勒＋斯科菲德奥：双向旅馆

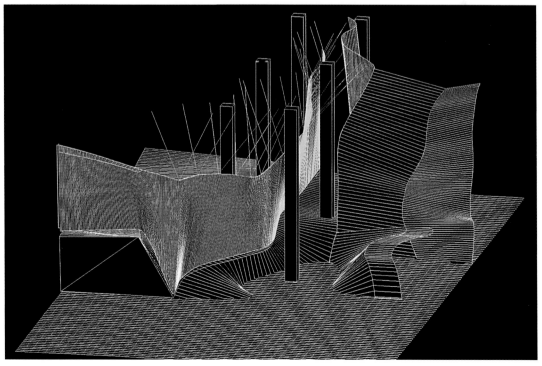

图 2-17　NOX："V2Lab 工作室结构图

图 2-18　妹岛和世：劳力士学习中心

图 2-19　马岩松：鄂尔多斯博物馆外观

图 2-20　鄂尔多斯博物馆内部

图 2-21　平田晃久：建筑农场

图 2-22　Mass Studies：安·德穆鲁斯特时装店

图 2-23　Za Ba：Yandex 互联网公司

图 2-24　米拉联合设计策划有限公司：上海世博会德国馆

图 2-25　Arge SPAN & Zeytinoglu：上海世博会奥地利馆

三、装置化的当代空间设计

（一）引言

高科技信息时代的不断发展，极大地促进了文化艺术的发展与交流，引发思想观念大变革。20世纪五六十年代后形形色色的艺术思潮或流派的实验探索，将西方艺术推进当代或后现代的实验大潮之中。装置艺术是当代观念艺术的主要形态之一，与各种环境艺术、行为艺术、观念绘画等观念艺术的实验探索交合互动，构成当代艺术实验的主流。

装置艺术的创作实验为当代艺术输入了狂放的自由主义精神，激发思维与想象，极大地拓展了艺术创作与表现的边界与内涵。在装置艺术创作中，艺术家以空间、场地、日用品、废弃物、器械、电子设施、文字或影像等作为载体表现观念，阐述概念，表现关于人类的命运、历史、政治、种族、阶级、大众文化、环境保护、消费观念等方面的思考体验，表现着反艺术、反审美、反形式、复杂语义等特征。装置艺术对当代建筑设计、室内设计、景观设计等空间设计产生了很大影响，当代空间设计表现出显明的装置化现象，装置艺术的观念与形式被较普遍地引入到设计创作中，很多设计表现着与装置艺术相似的艺术与文化特征。

（二）装置艺术

装置艺术是形式与内涵边界宽泛的概念，艺术家将空间、场地、实物、电子设施、影像等作为载体，通过改造、组合、装配等手法表现思想观念与情感体验。装置艺术是"场地＋材料＋观念"的综合展示艺术。20世纪初毕加索、勃拉克的实物拼贴可视为装置艺术的起始之作，达达艺术、构成主义、装配雕塑、波普艺术、极少主义的很多作品属于装置艺术之列，概念主义、废品艺术（贫困艺术）、各种视像艺术、新媒体艺术基本都是装置艺术。

杜尚的观念艺术的理论是装置艺术基本的思想线索。杜尚认为一件艺术品从根本上来说是艺术家的思想（观念），而不是有形的实物——绘画或雕塑，有形的实物可以出自那种思想，思想或观念可以采用任何形式或任何方式加以表现。杜尚将一只普通的小便盆命名为《泉》送至美术展览会展出，小便盆即是表现"观念"之物，表现着杜尚的观念，表现对于既定的艺术概念、审美观念、创作方式的颠覆反叛的态度。《新娘甚至被光棍们剥光了衣服》使用金属构架、钢丝、金属箔、玻璃等组合成一个装置，以混乱的叙事方式和逻辑关系表现性爱的场景（图3-1）。

观念艺术的理论对于装置艺术的实验探索产生很大影响，具有强烈的颠覆性与反叛性，表现着反艺术、反审美、反形式、复杂语义、消解与交互的"非"、"反"特征。

1. 反艺术

在思想认识层面，基于表现观念，装置艺术的实验创作对于

图3-1　新娘甚至被光棍们剥光了衣服

传统艺术的概念及艺术的本体进行彻底的大颠覆。

马蒂斯、康定斯基、蒙德里安等人的现代艺术（美术）实验基本在传统美术的概念范畴及绘画、雕塑、版画等形态中进行，基本未触动艺术的本体——对于艺术本质的认识，装置艺术对其进行了极端与彻底的反叛。艺术家认为艺术的本质是观念，而形式仅是观念的从属或物质躯壳，从根本上动摇与颠覆了对于艺术的本体认识及艺术作品的概念，观念可以用任何形态和方式加以表现，而不仅仅是绘画、雕塑、版画等，或者说任何形态和方式都可以表现观念，生成艺术并成为艺术品。

装置艺术表现出显明的"反艺术"特征，对于传统的关于艺术本体、艺术本质的认识加以彻底地颠覆反叛。在形形色色的装置艺术创作实验中，思想观念，而非油画、雕塑等物质形态是艺术的本质，是第一性要素与艺术的前提，物质的形态与方式是第二位的，从属于观念，其不受任何既定规则、边界与方式的约束。艺术创作具有极大的自由度与任意度，各种探索都具有合理性。艺术家基本摒弃传统的油画、雕塑、版画等艺术形态，使用空间、场地、各种实物、影像等作为载体，表现观念，表现种种复杂的观念意念。

在表现观念的口号下，艺术本体及艺术创作的原则被颠覆，艺术的边界被不断突破，艺术创作的思维模式与思考方式异变，形式观与审美观解体，艺术与生活的界限模糊，艺术家与观众、与作品的身份消解和模糊等等。

杜尚的《泉》与《新娘甚至被光棍们剥光了衣服》突出地表现着装置艺术的"反艺术"的特征，"反艺术"体现在当代形形色色的装置艺术之中。

2. 反审美

基于表现观念，装置艺术对于既定的审美观念加以彻底反叛，很多以往被认为非美之物、甚至丑陋之物也被作为艺术品加以展出。在装置艺术的实验创作中，审美观念与范畴被极大突破，既定的美感与和谐的概念被颠覆和嘲弄。

劳申堡的《组合字母》使用山羊标本、旧轮胎，旧杂志报纸、旧照片、橡胶鞋底等物加以装配组合，用此废旧物品的拼贴组合表现人的原始冲动及波普艺术颠覆性的粗俗、通俗的美学取向（图3-2）。

图3-2　组合字母

弗里兹·拉赫曼的《卢特左斯特拉斯情景13》收集了12个工地工程的遗留废弃物，随意而不加修饰地将它们放置在一个旧建筑空间加以展示。艺术家在用旧建筑与旧部件等废弃物表现观念，表现这些物件的经历，表现与这些物件相联系的人与事件，思考形态发

图 3-3　卢特左斯特拉斯情景 13

生的原因与意义（图 3-3）。

　　《破布堆中维纳斯》是属于"废品艺术"之列的"贫困艺术"的代表性作品，米开朗琪罗·皮斯托莱托将高雅的美与爱之神的维纳斯雕像与一堆五颜六色的破布置放在一起，相互对比又相互融合，引发关于"美"与"丑"的性质与关系的思考（图 3-4）。海伦·卡德维奇的《环与环》将血淋淋的肠子与女子金色的头发缠绕纠结在一起，散落的毛发粘在肠子上与板子上，观者似乎能闻到腥臭气味，艺术家在用此令人作呕的装置揭示不详的事件（图 3-5）。

　　很极端的是皮埃罗·曼佐尼的《100% 纯艺术家的粪便》。曼佐尼将自己的粪便装进一些罐头盒中作为艺术品，以粪便罐头表现观念（图 3-6）。在西方艺术市场，很多毫无艺术价值的东西经过市场炒作成为高价的艺术品。一些作者、投机艺术商人、批评家与无知的附庸风雅的收藏家喜欢制造此类作品蒙骗大众。此作品是对于西方艺术市场这种合谋的艺术骗局的讽刺之作。

　　引人注目的是，曼佐尼的作品被伦敦著名的泰特美术馆以高价收藏，泰特美术馆的发言人说："曼佐尼是一位地位十分重要的艺术家，他的这件作品对 20 世纪艺术的许多问题进行了探索……是一件开创性的作品。"[①]

　　3. 反形式

　　将观念表现作为艺术的根本或第一性要素，形式仅是观念的从属或物质躯壳，即从根本上动摇与颠覆了既定的艺术形式的概念，观念可以用任何形态和方式加以表现，而不仅

_____

① 王洪义. 西方当代美术——不是艺术的艺术史[M]. 哈尔滨：哈尔滨工业大学出版社，2008：72。

图 3-4　破布堆中的维纳斯

图 3-5　环与环

图 3-6　100% 纯艺术家的粪便

仅是绘画、雕塑、版画等几种，艺术创作与表现不再关注形体、色彩、明暗光影等传统艺术的形式技法元素，艺术家运用形形色色、千奇百怪的材料与方式进行装置艺术创作。小便盆、金属与玻璃构架、动物标本与旧轮胎和旧报纸、旧建筑空间与建筑废弃物、五颜六色的破布、毛发与血淋淋的肠子、粪便、风中漂浮的纺织品（图 3-7）、虐待刑具（图 3-8）、机械结构（图 3-9）、视频录像（图 3-10）、监控设施（图 3-11）、飘浮的氢气球与房屋隔断和家具（图 3-12）等等都被运用于艺术创作，表现观念，其与传统的艺术形态大相径庭。

　　装置艺术突破造型艺术的视觉原则，调动视觉、听觉、嗅觉、触觉等多种感知参与艺术创作与欣赏。

　　在 Splace 的《收纳城市的声音》中，艺术家录制了海浪声、自然的风声、公路上的噪声、酒吧的谈话以及自由市场的声音等各种各样声音。空间中，彩色的电线、扬声器、还有声音以复杂的状态穿插交织，观众置身于这个由错综复杂的线围合的空间，由一条条彩色的电线引导，以复杂的方式走向耳机，聆听各种复杂声音（图 3-13）。

　　哈克的《德国》制造了视觉、听觉与触觉综合表现的效果。此作品的主题是揭示探讨德国的历史和命运。室内地板被掀破，满目疮痍，观众走进展厅，踏着乱石块体验与欣赏艺术作品，踏踩石块的响声在空间中回响，予人强烈的不安之感（图 3-14）。奥维拉的《穿

图 3-7 蓝色航行

图 3-8 深度社会空间

图 3-9 里加

图 3-10 穿越

越》展现出并置的男人被水淹没的录像与被火吞噬的录像，同时传出水声、烈火燃烧的声音与男人的喘息声，制造出令人毛骨悚然的效果（图 3-10）。

图 3-11　国家制度

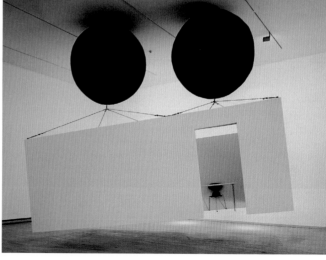

图 3-12　轻柔结构 146

图 3-13　收纳城市的声音

突破传统艺术静止的作品概念，表现活动的艺术。

哈克的《蓝色航行》用风扇吹起悬吊着的蓝色薄绸，使之在空气中飘动并变化着形态（见图 3-7）。

突破艺术作品的时间边界，将作品置于历时性的时间过程之中。

杜尚的装置《新娘甚至被光棍们剥光了衣服》展览后落了很多灰尘，杜尚请人对作品加以拍照并用固定液固定了部分地方的灰尘，使之生成新意义。在运输途中该作品遭受了毁损，又出现了网状裂纹，据说，杜尚满意地说："现在完善了"。[①]

约翰·阿姆利德的《家

图 3-14　德国

具——雕塑 60》是对街头捡来二手家具作些加工改造，画上图案参加展览。展览完毕，又被丢弃，"哪里来还是回哪里去"。该作品试图表现作品历时性的循环特征，在时间过程中生成，生长，消亡，回归原本（图 3-15）。

一些装置艺术对作品的物质实体性加以颠覆，表现思想与精神活动的空间。

埃莫格尼和伯格塞特的《轻柔结构 11 号》是此方面代表性的作品。在室内空间中，一块踏板穿越玻璃伸向外面的天空与水面，观众的灵魂似乎被引导着穿越玻璃，在外面的世界中飘游（图 3-16）。

一些作品试图挣脱地球引力的限制，创作挣脱引力飘游的艺术。

埃莫格尼和伯格塞特的《轻柔结构 146 号》使用氢气球吊挂起房屋隔断与家具在空间中飘移，表现试图挣脱地球的引力的虚幻意象。

一些装置艺术试图混淆模糊非生命体与生命体的范畴、性质，表现非生命体的生命特征与智能意象。

① H. H. 阿纳森. 西方现代艺术史[M]. 邹德侬，巴竹师，刘珽译. 天津：天津人民美术出版社，1994：293。

图 3-15　家具——雕塑 60

图 3-16　轻柔结构 11

让·吕克·威尔姆斯的《椅子的眼睛》在椅子的旁边放置了一排镜子，观众观看该作品时，镜子里反映出自己活动着的身影——仿佛观众自己也被椅子所审视，椅子似乎成为具有生命与智能之物。该作品引发关于人与物，主观与客观，物质与灵魂关系的哲学思考（图 3-17）。

图 3-17　椅子的眼睛

4. 复杂语义

基于表现观念，在装置艺术的创作中，艺术家进行复杂的观念操作，表现种种关于主观与客观世界的观念思索，语义走向复杂或玄虚。

维奥拉的《穿越》展现男人被水淹没的录像与被火吞噬的图像，同时传出水声、烈火燃烧的声音与男人的喘息声，制造出令人毛骨悚然的效果。其《南特三联画》是 3 幅视频图像；左边一幅年轻妇女正生产，右边一个老妇人行将死亡，两者都是真实事件的记录；中间一幅中一个裸体的人形被淹没在水中，时而动弹，时而静止，似乎正要淹死（图 3-18）。维奥拉的装置作品表现着艺术家关于人类命运、男人与女人的境况、生命与死亡、自然的神秘力量等方面的复杂体验，也给观众极为复杂的心理感受。

卡迪·诺兰德的《深度社会空间》是用金属架、驯马器械、镣铐、餐具、照片等组构的装置，照片中的女子是美国传媒大亨的外孙女，她被恐怖组织绑架后被施虐和洗脑，成为该恐怖组织的成员，并且参加了该组织抢劫银行的活动。这个装置以多重交合矛盾的线索，揭示了美国社会的复杂现实与人性深层的隐秘结构和复杂性（见图 3-18）。

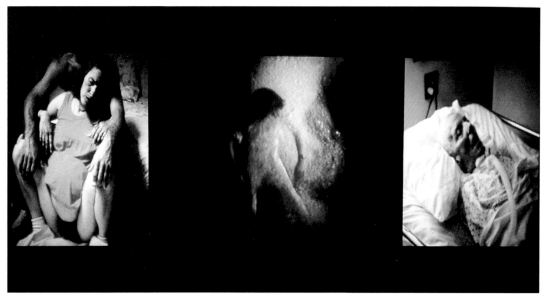

图 3-18　南特三联画

5. 交互

消解身份的边界，使观众、艺术作品、艺术家相交互是装置艺术的重要特征，艺术家进行各种交互实验。

哈克的《德国》制造了视觉、听觉与触觉综合表现与交互的效果。大厅内地板被掀破，满目疮痍，观众走进展厅，踏着乱石块感受作品，踏踩石块的响声在空间中回响——观众也在参与艺术作品的生成。

让·吕克·威尔姆斯的《椅子的眼睛》的椅子旁边放置了一排镜子，观众观看该作品时，镜子里反映出其活动着的身影，观众即被椅子所"审视"，就空间环境的构成而言，其活动的影像也成为作品的部分。

杰里夫·肖与德克·格罗尼夫德的《易读城市》在录有城市三维景象，包括建筑物、街景、路口、标志等图像的投影屏幕前设置一部自行车，车把与踏板连接屏幕的电子感应器，观众踩动踏板或转动把手，屏幕即显示出变化的图像，仿佛在城市空间中漫游。观众在参观艺术作品，通过动作感受城市空间，也在参与艺术作品的生成（图 3-19）。

图 3-19　易读城市

（三）空间设计的装置化

当代建筑设计、室内设计、景观设计等空间设计也显现着明显的装置化的现象，表现着相似的文化意味，很多设计师，包括海杜克、霍莱茵、里伯斯金、林恩、哈迪德、NOX、迪勒＋斯科菲德奥、伊东丰雄、张永和、朱锫等同时从事装置艺术创作。可以认为，当代建筑比较普遍地、程度不同地表现出装置化的特征。信息时代艺术文化密切交流互动，装置艺术与当代生态理论、有机理论、混沌理论、涌现理论、折叠理论等学术理论相交，影响并推动当代设计的装置化的设计与探索。

空间设计装置化的一些特征：

1. 反建筑

很多设计师对于既定的建筑本体概念加以消解颠覆，将观念作为建筑及空间设计的本质与前提，作为第一性要素，物质的或物理的"建筑"及建筑的形式成为非本质的、第二性的，其是观念的表现之物或观念物化的结果。

屈米高度强调建筑创作的"观念"，他说："艺术家提出：想法和观念要比作品这个物件更重要。这在建筑领域也适用。建筑史既是真实房子的历史，也是观念的历史。艺术更是这样。我敢说，可以有无观念的艺术作品，却不能有无观念的建筑作品。……这也启发人思考相关的建筑课题：难道建筑就是住宅？就是人们造的房子？"①

霍莱因宣称："对我来说，建筑并不是解决基本问题的方式，而只是一个观念的声明。"努维尔强调观念的分析与建立过程："我的建筑首先并不是从形式来考虑的，而是在设计的时候，以已有的条件为基础，进行各种各样的分析，导出特征并最后形成一种形式。我最感兴趣的，就是这种战略上的概念（观念）。"②

朱培认为："我觉得现代艺术的一个优势就在于它涉及生活的各个领域——科技、文化和哲学等等。此外现代艺术家还能启发我们如何从视觉上最直接地表达观念和概念。③

在表现观念的理念激励支配下，设计师对于既定的建筑概念进行全面的反叛，建筑的实体观、基于欧式几何的形态观、固定与静止的空间观、视觉范畴的造型观、坚固实体的结构观与表皮观、形式与功能的对应观、设计师与观众和设计作品的边界等动摇和消解，"反建筑"、"非建筑"、"反设计"口号兴起，对于既定建筑概念的"非"、"反"，不断突破与创新实验，成为当代空间设计领域的突出倾向。

2. 反审美

与装置艺术的实验探索相类似，很多空间设计也表现出"反审美"的特征，设计师对于既定的审美观、和谐观进行颠覆反叛，很多以常规标准看似不美、不和谐的或丑陋的设计之物纷纷登场现身，传统的审美观消解，和谐与美的概念走向复杂混沌。

被称为"观念派建筑师"海杜克的自杀者之家与自杀者母亲之家显现强烈的反审美的特点。建筑物通体深色，顶部聚集着尖锐之物，给人不安与恐怖之感。

汉斯·霍莱茵设计的维也纳士林珠宝店外立面故意开了一个大裂口，仿佛是被某种物体意外撞击的结果。

屈米设计的拉·维莱特公园表现着不和谐的并置、对立、冲突、疯狂等意象。

西蒙·翁格斯的T形住宅使用腐蚀钢板构建了一个巨大的金属盒子，上部分体量大，显得头重脚轻，表面锈迹斑驳。该建筑物以传统审美看比较丑陋的形象，孤立地处于环境之中。设计师以此形象表现孤独的意象（图3-20）。

莫斯的设计突出地表现着废旧美学及"废品艺术"的特点。破旧、残缺、不规则的废弃建筑空间与锁链、木桁架、钢筋、混凝土管等废弃物品的形态吸引着莫斯的兴趣，他在废弃建筑及废弃材料中找寻设计灵感。他的一些作品使用钢材、金属网、玻璃等新材料与新的结构方式，刻意表现旧建筑与部件的不规则的残缺、扭曲的意象（图3-21）。

石山修武推崇传统的茶室，对之加以引用借鉴，探讨建筑建造的新途径。基于禅宗自

① 费菁，傅刚. 屈米访谈[J]. 世界建筑，2004(4)：20。
② 东京大学工学部建筑学科安藤忠雄研究室编. 建筑师的20岁[M]. 王静，王建国，费移山译. 北京：清华大学出版社，2005：66。
③ 引自www.douban.com：朱培访谈。

图 3-20　T 形住宅

图 3-21　伞

然随性的理念，传统茶室使用手边容易找到的材料建造，附近森林取来的树干树枝、路边捡到的石头、半枯烂的船板等都被用于建造茶室，房屋形态与建造过程也极为随意。石山认为街头流浪汉用捡来的旧冰箱、木料、铁皮、纸箱等搭建的居住小屋也显示着随性随意、无拘无束的搭建心态与实用性。他使用工业化材料与废弃材料象征的下水管道工程的镀锌瓦楞管与起泡尿烷等材料建造建筑，并采用脱离一般建筑程序的手工方式"搭建"，表现对于既定建筑规则与审美观念的颠覆（图3-22）。

上海世博会中的很多建筑、包括英国馆、西班牙馆、德国馆等也属于此列，英国馆像一个全身带刺的蒲公英或刺猬（图3-23），西班牙馆仿佛披着铠甲的怪兽（图3-24），德国馆形体折叠扭变（图3-25）。当代艺术与设计的实验探索极大颠覆了既定的审美与和谐的观念，使"美"与"和谐"走向复杂混沌。

图 3-22 幻庵

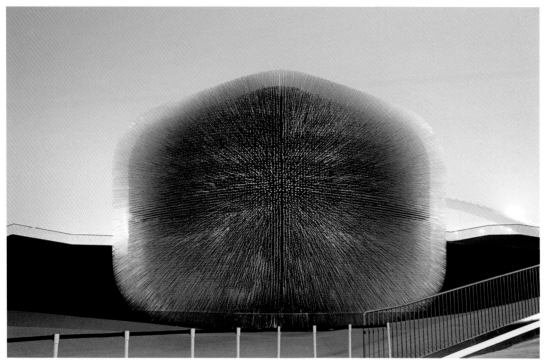

图 3-23　上海世博会英国馆

图 3-24　上海世博会西班牙馆

图 3-25　上海世博会德国馆

3. 反形式

与装置艺术相似，很多设计将观念作为建筑的本质与前提，物质的或物理的形式被置于从属的、第二性因素，服务于表现观念，其极大地颠覆、反叛了既定的建筑的形式观，突破了形式的限制，设计师进行种种离经叛道的反形式的实验探索。

建筑作为物质实体的观念被突破。海杜克的自杀者之家、自杀者母亲之家是基本不能进入的结构物，海杜克认为灵魂能够进入和感受其空间。这些结构物能使观众看之产生复杂的空间联想体验。

在犹太人博物馆，里伯斯金设计了很多高深的"虚空"的空间，这些"虚空"的空间是超越物质和肉体的，引导参观者的灵魂在其间不安地徘徊游动（图 3-26）。安藤忠雄的水上教堂也表现着精神的空间。宗教的十字架置于自然环境之中，仿佛耶稣与圣徒正幻化在天空、山峦与水面之间，人的灵魂也在其间漂浮与升腾，自然界的天空、山峦与水面成为广阔圆融的精神空间（图 3-27）。

作为视觉造型的空间设计的视觉边界被突破，设计师从事各种越界的设计探索，涉及听觉、触觉、动觉等感觉系统。NOX 的声音生活馆、水上展览馆等是听觉与动觉的建筑，参观者通过图像、声音与空间的行为与建筑相交互。

图 3-26　犹太人博物馆的"虚空"

图 3-27　水上教堂

图 3-28　犹太人博物馆"落叶庭院"

在犹太博物馆的"落叶庭院"的地面上，里伯斯金铺设了人的面孔形状的铁板块，观众踩踏不平整的铁板的感觉与声响强化着空间的不安之感（图 3-28）。该空间表现着与哈克的环境装置作品《德国》相似的意象。在吕品晶等指导的名为"听墙"的研究中，透过围护隔断的孔洞播放各种声音，试图使人通过听觉感知空间与事件（图 3-29）。

形态与功能的对应原则被突破，很多设计表现对于既定形态的颠覆反叛。巴黎蓬皮杜中心、格拉兹美术馆（图 3-30）全无一般的作为文化建筑的博物馆、美术馆的形象，像是炼油厂与怪异的不明生物体。未来系统设计的塞尔弗里奇百货公司与一般的商业销

图 3-29　听墙

图 3-30　格拉兹美术馆

图 3-31　塞尔弗里奇百货公司

图 3-32　三宅一生时装店（1）

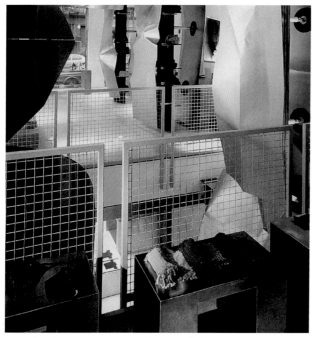

图 3-33　三宅一生时装店（2）

图 3-34　联竹服饰东京旗舰店

图 3-35 "美利坚之门"酒店四层

图 3-36 乔治餐厅（1）

图 3-37　乔治餐厅（2）

售建筑的印象大相径庭（图 3-31）。盖里设计的三宅一生时装店（图 3-32、图 3-33）、维多·阿古奇设计的联竹服饰东京旗舰店（图 3-34）、PLASMA 设计的"美利坚之门"酒店四层（图 3-35）、雅各布＋麦克法兰建筑事务所设计的乔治餐厅（图 3-36、图 3-37）颠覆了一般的商业化服饰店、酒店与餐厅室内设计的形象。

　　建筑物坚硬实体的概念被突破，设计师进行种种"软建筑"的研究探索。例如，水立方使用膜结构作为结构，上海世博会西班牙馆的表皮使用竹片与秸草的编织物。克斯·奥斯特赫斯的 TRANS-PORTS 方案意图使用数据启动的合成橡胶表皮与充气束构建形态可变的建筑物。

　　建筑物的静止概念被突破，各种动态的、历时性的设计被研究探索。

　　卡拉塔瓦进行"动态建筑"探索，使建筑能够根据外部的环境状况与内部需要进行形态结构的调节改变，1992 年世界建筑万博会科威特馆、瓦伦西亚艺术与科学城天文馆等即表现着对于外部环境与内部功能要求的动态的自适应机能。

　　卡斯·奥斯特惠斯的 TRANS-PORTS 方案、ROEWU 的"变化结构"方案、阿凯尔·克兰的"肌肉"大楼等都是动态建筑的涌现探索。建筑物能够根据发展变化中的各种不同的空间环境的需求变化及主体的变化，进行调节和改变，满足变化的、各种不同的空间功能需求。

　　装置艺术创作经常运用的投影设施、电子显示设施等多媒体视频设施被很多设计师运用在空间设计中，创造出活动的建筑表皮与动态的内部空间，彼得·库克等设计的格拉茨美术馆、努维尔的哥本哈根音乐厅（图3-38）、卡斯·奥斯特惠斯的 TRANS-PORTS、NOX 的水上展览馆、赫尔佐格与德梅隆设计的安联体育场（图3-39）等是代表性的例子。

图 3-38　哥本哈根音乐厅

图 3-39　安联体育场

图 3-40 东京古根海姆临时博物馆

图 3-41 GALIJE

一些设计师刻意消解建筑的实体性，将建筑消隐在自然环境之中，成为自然的部分或"自然的建筑"。努维尔设计的东京古根海姆临时博物馆外部设计成山体的形态，上面种植枫树和樱桃树等植物（图 3-40）。MVRDV 设计的 GALIJE 将建筑物消隐在山峦之中，建筑成为山林的有机部分（图 3-41）。

4. 复杂语义

对观念表现的强调，体现于建筑设计、室内设计、景观设计等空间的精神性方面，表现观念，是将建筑视为超越物质的精神文化现象，从人的精神维度与思想情感的表现与体验维度认识和思考建筑，建筑的本质意义在于精神范畴，空间、形式、功能、结构、材料等都与思想情感的表现及体验相联系，或者说是思想情感的物化形态与"躯壳"。设计师进行种种装置化的观念操作，将设计创作置于复杂的思想结构和层次之上，经常与社会学、政治学、哲学、生物学、心理学等学科的理论相联系，表现对于社会、文脉、自然、环境、建筑生成、交互关系等范畴的思考，表现观念，即表现复杂的思想，表现扑朔迷离的深奥意念。

表现观念及设计构建"有思想的建筑"，是空间设计装置化的重要特点。语义走向复杂，远远超越了传统建筑的主题与意义的范畴。

海杜克一直试图寻求将建筑从物质化的禁锢中解脱出来。作品追求的不是物质的建筑的实施及实际空间，而是思想活动的氛围及情感体验。由后人完成的墙屋 2 号是为数不多的海杜克的实际建成并且具有实用性的建筑，表现着深奥的意象。该建筑的一个显著特征是形体中反常地横穿一堵大墙。海杜克从哲学的层面认知和体验建筑空间中的"墙"，在"墙"的图式中感受到丰富的意味。他说："生活与墙相伴随；我们不断地进出，往返和穿越它。""墙是我们经常穿越的最快捷、最薄的物体。"[①]

里伯斯金设计的犹太人博物馆充满复杂晦涩的观念线索。他将该建筑称为"线状狭长空间"，与思想、组织有关的两条脉络潜伏其间，形成贯穿此建筑的不连贯的空间，体现"二元对立"、"二律背反"的观点，表现着犹太人的历史命运及各种复杂的关系。此建筑的 4 个隐喻情结联系着作曲家阿诺德·施昂科格未完成的歌剧《摩西和龙》、里加和乌奇集中营中死亡人的名字和死亡地名、以及瓦特·本杰明的短文集《一侧通行路》中提出的观念论哲学的理论。犹太人博物馆也表现着"在"与"不在"的思辨性，展现着"作为其核心的主体的丧失"的意象。作为博物馆，其展品既"不在"，也"在"。里伯斯金的思想与观念艺术家凯奇相通。

屈米高度强调建筑的思想性与精神意味，进行各种复杂的观念思考，提出"观念决定

---

① Architecture International 2003, vol.2. YoYo:220.

建筑"。 屈米认为多媒体文化的发展已经消解了艺术与建筑、艺术与生活的界限，所有的东西相当程度上都已成为现代关系的共同的联系，其设计体现着鲜明的观念表现特征及装置化的特征。

拉·维莱特公园设计是基于电影蒙太奇理论影响的复杂的观念操作，表现着复杂与矛盾的"事件"。点、线、面三套迥异的系统相交合叠加，制造出偶然的、彼此冲突与融合的复杂意象，电影漫步的方式解说为组合而成的系列的画面，点状的"疯狂物"被作为公园的基本参照点，意图将其从历史的含义中加以解脱，生成新意义，启发起"事件"。

图 3-42　Le Prenoy 艺术中心（1）

Le Fresnoy 艺术中心观念的核心是"容器"。其是脚手架式的开放建筑，包括大屋顶、踏步及交通流线，表现多样性。原有的旧建筑被作为"拾来物"（装置艺术常用的术语，即现成品或废弃物）加以保留更新，之上加建了大屋顶将其包裹，大屋顶为原有的旧建筑提供了继续生存的"容器"空间，分频网络成为构建多种程序的横跨结构体，生成展示、表演、休闲等多样空间。连贯的整体"容器"和空间中具有"事件"意义的相互之间不连贯的"片断"相并置，强调动态的对立或冲突意象（图 3-42、图 3-43）。

图 3-43　Le Prenoy 艺术中心（2）

法国国家图书馆方案将图书馆作为一个"事件"的孵化器，观念线索是关于循环和运动。设置多条环形线路，包括访客线路、运动线路、管理员线路、书籍流动线路等，每条环线都具有自己的逻辑与规则，持续不断地相互影响和交互。运动线路设置在外层，观念意象是：21 世纪学术与体育运动是有机交合体，学者是运动员，运动员是学者（图 3-44）。

图 3-44　法国国家图书馆

被称为杜尚主义建筑师 (Duchampian guerrilla architects) 的迪勒＋斯科菲德奥以极端的方式表现种种观念意象和奇想，很多建筑、室内设计意图使观众陷入奇特的感知氛围之中，使观众体验"感觉与真实两个世界的对比，评价这种相对的现实性，构筑与建筑同样将二者连接起来的本原"。名为"后退的家·接待室"的室内设计的观念意图是使房屋恢复记忆，并探讨形态的表现性（图 3-45）。"朦胧建筑"的意象是"虚空"："形体消失，特征消失，深度消失，标度消失，体块消失，表皮消失和度量消失。"图像与音响博物馆的观念意象包括："折叠"、竖向垂直的"林荫大道"、"流动的表皮"等。建筑飘带般地由地面向上折叠流动，内部与外部交互穿插的坡道犹如竖向的观景的林荫道，而坡道上行走的观众构成建筑的活动的表皮。

进行系统复杂的观念操作，对于设计所涉及的环境、文化意

图 3-45　后退的家·接待室

味、功能、构建技术与造价等进行综合分析，演绎生成复杂的观念意象并表现空间意义及"造型的激情"，已经成为当代建筑设计、室内设计、景观设计等空间设计的基本环节与要素，比较普遍地表现在当下设计师的创作设计中。

5. 交互设计

与装置艺术创作相一致，一些设计师也开展具有身份消解特点的建筑设计、室内设计等空间设计的交互探索。

里伯斯金在犹太博物馆"落叶庭院"的设计中表现着与哈克的环境装置《德国》相似的空间意象，地面上铺设了人的面孔形状的铁板块，观众踩踏的不平整的感觉与声响强化着空间的不安之感，观众在生成空间的声响。

NOX 的声音生活住宅、水上展览馆等是有代表性的交互设计，建筑空间引导着参观者的行为，参观者的行为也在生成建筑空间的声音与图像。NOX 的设计可视为具有一定实用性的空间装置，意义在于研究探索建筑的有机化与智能化意象，探索建筑空间与空间中的人相"合一"的途径。

在纽约一家啤酒餐馆的室内设计中，迪勒＋斯科菲德奥强调顾客对环境的参与与创造，

图 3-46　上海世博会法国馆

进入该餐馆的顾客都被摄像机录像，并由吧台上一排电视机所播放，顾客自己成为电视节目中的主角。阿古奇设计的联竹服饰东京旗舰店具有相似的交互意象，通过按钮，试衣的顾客可以显现在店内广告视屏上，成为模特，顾客与店铺及服饰相互动。

上海世博会法国馆也运用了多媒体交互设施。参观者的影像被摄像装置拍摄并被投映在馆内的墙壁上，构成具有动感和亲切感的室内空间的"流动的表皮"（图3-46）。

（四）结语

作为当代观念艺术的一种形态或类别，装置艺术运用空间、场所、实物、影像等媒介进行创作，调动观众的综合感知，引导观众参与作品的互动并综合地体验感受艺术作品，装置艺术与各种行为艺术、环境艺术等形形色色的现当代艺术实验探索相交合，推动着当代艺术的演变发展。

装置艺术对于当代建筑设计、室内设计、景观设计等空间设计产生很大影响，在一些基本特征方面，很多设计与装置艺术相一致。空间设计的装置化具有建筑文化开拓的意义，启发推动设计观念、设计方式和设计手法的变革，其思想核心——"表现观念"为空间设计带来新的启示，使设计师重新认识建筑与设计的本体，关注设计的思想与精神内涵的表达。"表现观念"，激发设计师突破建筑物质化的概念束缚，进行各种反建筑、反设计的设计探索，激发空间想象力和创造力。装置化的研究探索深化空间意义的发掘与表现，使建筑与设计超越物质的功能机器范畴，生成与发展精神情感交流与表现的意味，推动着空间审美观念变革与发展，也经常与功能优化、技术发展及生态设计相联系，很多优秀设计体现了此特点。

四、旧建筑的空间意义

（一）引言

随着社会发展、思想文化观念的变革及历史意识、文脉意识、生态意识的觉醒，旧建筑的保护与再利用愈来愈为社会所关注。旧建筑已不再被简单地视为陈旧、残破、粗陋之物而加以废弃拆除，人们感受到它特有的美感与诗意，认识到它具有的历史价值与文化价值。当代设计师进行各种旧建筑保护与改建的设计探索，范围不仅是重要的历史文物性建筑，也包括很多一般的废旧厂房、民居、谷仓、畜棚等建筑遗存。旧建筑成为当代空间叙事的载体，很多设计师保留与表现旧建筑的古旧、残破、斑驳粗糙的美感，保存历史记忆，揭示蕴含的历史印记与意义，传承文脉及建造技艺，运用当代观念与方式对其加以保护性再建与再利用，并且发展生态机能。使旧建筑生成新的空间意义，适应当代社会的新的需要，在当代语境中更新再生。

（二）废品艺术的实验

20世纪初艺术家们即开始利用旧报纸、旧单据、自行车轮等废旧物品进行艺术创作，"废品艺术"出现。形形色色的"废品艺术"创作实验，在审美观念、表现观念、叙事方式与手法方面，对旧建筑保护改建的研究探索提供启发，产生重要的影响。

1911至1913年间毕加索、勃拉克在绘画中进行实物拼贴，开始立体主义的第二阶段即"综合立体主义"时期。他们用旧报纸、餐馆菜单、糊墙纸等物品拼贴组构绘画，这些拼贴画突破绘画的平面性，扩展了绘画的维度，使绘画的幻觉与真实物品相交合，成为三维之物，创造出新颖奇特的视觉图像（图4-1、图4-2）。毕加索与勃拉克的拼贴画开现代"废品艺术"的先河。

"现成物体"或"拾来物"是杜尚艺术的重要内容。杜尚使用现成的物品作为雕塑与装置，这些物品很多是平淡无奇的旧东西。《自行车轮》将一只旧自行车轮放在厨房的凳子上，使之转动成为活动雕塑（图4-3）。他提出观念艺术的主张，即一件艺术品从根本上来说是艺术家的思想（观念），而不是有形的实物——绘画或雕塑，有形的实物可以出

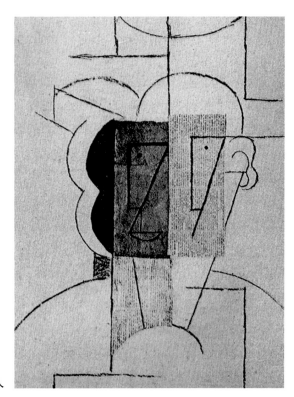

图 4-1　毕加索：戴帽子的人

图 4-2　勃拉克：单簧管

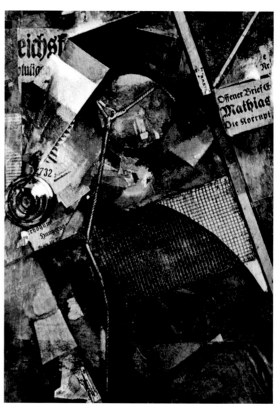

图 4-3　自行车轮（1931 年创作，1964 年复制）　　　　图 4-4　"废物"画 25 变体：星图

自艺术家的思想。基于艺术的本质是表现观念，普通的旧自行车轮即是表现观念之物。杜尚颠覆与拓展艺术品的概念与审美概念，使旧东西也具有艺术表现的意义与审美价值。

施威特使用从街上捡来的废弃物品如香烟纸、车票、报纸、绳子、木板和金属网制作拼贴，他认为这些废弃物是"能引起他幻想的东西"（图 4-4）。施威特的拼贴表现了废弃物的美感与诗意，H. H. 阿纳森说他"能够把垃圾、周围的碎屑变成奇特的、令人赞叹的美。"[①]

20 世纪五六十年代及以后，"废品雕塑"、"波普艺术"、"概念艺术"及形形色色的装置艺术不断推动发展"废品艺术"实验。废旧物的利用与表现方式更为多样化，观念意味日趋复杂。"废品艺术"是范围广泛的概念，当代"废品艺术"大体可归类装置艺术、环境艺术之列。

劳申堡的"结合绘画"经常使用城市的各种废弃物品作为创作材料。《组合字母》在一块木台板上放了一个山羊标本，身上套着旧轮胎，木台面上有杂志报纸上剪下的旧照片、橡胶鞋底、衬衫衣袖等物。带角的山羊是古希腊神话中森林之神萨蒂儿的形象隐喻，劳申堡用此废旧物品的拼贴组合表现人的原始冲动及波普艺术颠覆性的粗俗、通俗的美学取向。

---

① H. H. 阿纳森. 西方现代艺术史[M]. 邹德侬，巴竹师，刘珽译. 天津：天津人民美术出版社，1994:294。

艾伯特·布里的《麻袋5》以粗针麻线缝的旧麻袋为基材，表面粗粝残破，在上面泼洒厚厚的颜料，使人与战争期间浸染血迹的绷带、撕裂的皮肤与伤疤相联系（图4-5）。

理查德·斯坦基威支的《无题》将各种长了铁锈的机械零件加以焊接，铁锈呈现一种斑驳的新质感的意味。塞扎的《挤压》将报废的汽车部件压成团块，表现强烈挤压、扭曲与挣扎的张力（图4-6）。

图4-5　麻袋5

图4-6　挤压

基于普通物品（而非特定的油画、雕塑）能承载表现思想情感的观念艺术的理念，吉斯伯特·休尔施杰、赫尔曼·彼茨等艺术家20世纪70年代末的《空间》以柏林一座废弃的仓库为基址，仓库破旧的空间构架、墙壁和在那里找到的瓦砾残骸与垃圾成为艺术作品。废弃的建筑空间与瓦砾垃圾被赋予丰富的叙事性与表现性，在讲述空间的往事、场地中发生的故事、事件。彼茨写道：

"无人能说清艺术是从何处开始的？墙上的涂鸦之作是谁画？艺术家？谁把这些钉子钉成了这面墙上的那种特殊顺序？艺术家？谁打碎了对面的窗户？谁画了地板上的线条？在此远眺窗外的是谁？"[1]

---

① 布莱顿·泰勒. 当代艺术[M]. 王升才，张爱东，卿上力译. 南京:江苏美术出版社，2007:133.

图 4-7　走廊

图 4-8　托潘加的树和霍夫曼先生的飞机零部件

《空间》所表现的叙事意味，在以后很多的旧建筑保护改建项目中加以延续发展。

弗里兹·拉赫曼的《卢特左斯特拉斯情景 13》与伊莎·根茨肯的《走廊》都是基于废弃建筑遗存的观念艺术创作。《卢特左斯特拉斯情景 13》收集了 12 个工地工程的遗留废弃物，随意而不加修饰地将它们放置在一个旧建筑空间加以展示，伊莎·根茨肯的《走廊》将一段残破的混凝土构件作为艺术品放在金属底座上展出（图 4-7）。拉赫曼与根茨肯用旧建筑、旧建筑部件等废弃物叙事，表现观念，使人联想这些物件的经历、与这些物件相联系的人与事件，思考形态发生的原因与意义，进行关于艺术与美的本体性质的探究。

约翰·阿姆利德的《家具——雕塑 60》引发人们关于废弃物与艺术品、家具与雕塑、临时性与永恒这些概念之间关系的思考。他从街头捡来二手家具对其作些加工改造，画上图案参加展览。展览完毕，又被丢弃，"哪里来还是回哪里去"。这个作品颠覆关于艺术品的静态的观念，而是在时间过程中生成，生长，消亡，回归原本。

南希·鲁宾斯的《托潘加的树和霍夫曼先生的飞机零部件》由多种废弃物包括旧床垫、卡车和飞机零部件、废水箱等堆放在树木旁边制成。此作品具有社会学意义，以废弃物的杂乱组合表现了当代城市的冷漠、困惑、盘剥或堕落的图像（图 4-8）。

以上是一些有代表性的"废品艺术"的状况。形形色色"废品艺术"创作实验不断冲击人们的固有观念，颠覆、改变着人们对于废弃物的认识，发掘、表现废旧物及废旧建筑的审美意味，拓展"废旧美学"，表现废旧物品及废旧建筑的叙事意味、社会文化意味，推动认识不断走向复杂与深化。现当代视觉艺术领域学科交流互动密切，"废品艺术"在审美观念、文化意味发掘、空间叙事与表现及构建方式等方面启发推动着当代建筑设计、室内设计、景观设计等空间设计领域旧建筑保护与改建的研究探索。

（三）旧建筑遗存保护与改建的观念意义

基于当代文化艺术语境与技术语境，设计师们进行各种旧建筑保护改建的设计探索，使旧建筑表现丰富的空间意义。

1. 表现美感

在旧建筑遗存保护改建的过程中，设计师进行种种旧建筑美感的发掘与表现，旧物之美或新旧交合之美已经成为当下较普遍接受的审美范型。

卡洛·斯卡帕是当代旧建筑保护与改建的先行者。卡斯泰维奇奥博物馆与奎瑞尼艺术馆是对古代贵族城堡与居住府邸的改建项目，斯卡帕没有将这两座旧建筑整修粉饰一新，而是刻意保持原建筑遗存的残破古旧风貌，使用新的部件与之交合组构，斑驳破旧的古建筑的外观、墙壁、门窗、柱子、台阶、地面等表现着残破之美，延展历史文化记忆，引人遐思联想（图 4-9 ～图 4-14）。

图 4-9　卡斯泰维奇奥博物馆外观

图 4-10　卡斯泰维奇奥博物馆内部

图 4-11　卡斯泰维奇奥博物馆局部

图 4-12　奎瑞尼艺术馆外观

图 4-13　奎瑞尼艺术馆内部（1）

图 4-14　奎瑞尼艺术馆内部（2）

图 4-15 伞

　　埃瑞克·欧文·莫斯的设计突出地表现着废旧美学及"废品艺术"的特点。破旧、残缺、不规则的废弃建筑空间与锁链、木桁架、钢筋、混凝土管等废弃物品的形态吸引着莫斯的兴趣，他在废弃建筑及废弃材料中找寻设计灵感，菲利普·约翰逊称他为"化废品为宝石的艺人"。[①] 8522 国民大街、加里社团办公楼等是对工厂废墟的更新改建项目，废弃厂房被改建为具有时代特征的办公文化场所。莫斯把旧厂房墙壁、地面和顶棚切开，让木桁架、内部空间及各种结构暴露出来，然后在切开的地方插入新结构与构件，并使用各种文字与图像加以装饰，使之生成新的空间形象与意义。

　　旧的建筑空间与部件使莫斯感受到自由生动、粗犷奔放的空间意象与启发，他的一些作品使用钢材、金属网、玻璃等新材料与新的结构方式，刻意表现旧建筑与旧部件的不规则的残缺、扭曲的意象（图 4-15）。

　　位于德国鲁尔区关税同盟工业文化遗址的红点博物馆室内设计中，设计师将废弃厂房的旧空间、旧墙壁与机器、锅炉、管线等各种设备作为工业文明的历史成果加以保留展示，建筑改建及室内装修仅作简单的局部改造，在新语境中，旧墙壁、旧机器设备等废弃之物成为有意味的室内空间的审美与艺术表现之物，表现着富有历史积淀的美感，表现人类文明的智慧与力量，营造出浓厚的历史氛围（图 4-16）。

① 渊上正幸. 世界建筑师的思想与作品[M]. 覃力，黄桁顺，徐慧等译. 北京：中国建筑工业出版社，2000:166.

图 4-16　红点博物馆

图 4-17　海德马克博物馆入口

图 4-18　海德马克博物馆室外坡道

费恩设计的海德马克博物馆的原建筑是一座 12 世纪的天主教寨堡，后坍塌，18 世纪农民将它改建成畜棚，博物馆在废弃畜棚基础上改建而成。畜棚的残垣断壁被保留，残破的门洞嵌贴上大玻璃成为博物馆的入口大门。在这里，一般人们印象中粗鄙肮脏的废弃畜棚被转换与重新诠释，显现出具有浓浓历史文化意蕴的空间美感（图 4-17、图 4-18）。

一些设计师运用具有信息时代高新技术特征或当代先锋艺术特征的部件、陈设与旧建筑、旧部件相交合，制造"新"与"旧"，历史与当下交会碰撞的意象，构成对比的、具有复杂意味的空间环境的美感与冲击力。

NOX 的 HOLOSKIN 是一个旧厂房的改造方案，意图是制造能够成为地方梦幻与记忆元件的、具有艺术与信息化特征的空间图像，激发"随机的碰撞"。NOX 以充分尊重和谦虚的态度对原建筑进行修复保护。该方案引人注目的特征是设计师在建筑的外面罩了一层起伏波动的不锈钢网装置，其具有动感，与周围树木的动态相互呼应，构成全息摄影般的透明的光线闪烁之感，并对旧建筑及周围各种物体加以映照折射。旧建筑与新的装置构件及环境中的各种物体交互映衬，生成奇特的、连续活动的空间意象（图 4-19、图 4-20）。

图 4-19 HOLOSKIN (1)

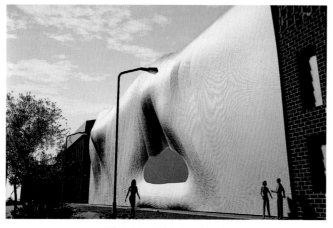

图 4-20 HOLOSKIN (2)

位于 798 艺术区的悦美术馆是对 20 世纪 80 年代初建造的旧厂房的改建。陶磊建筑工作室在尊重历史的前提下再造新空间。老厂房的外墙作为历史存在基本不作修饰地加以保留，在内部植入了新的空间。内部重塑了空间逻辑，植入交错流动的体量，运用渐变的孔洞板作为隔断，营造空间的透明感与交流氛围。该改建项目意图将前卫、时尚与老旧的厂房相联系，相互映衬，使旧厂房具有更多的可读性与历史的温存之感，在尊重历史的同时，激发起新的活力。在空间环境的审美方面，该项目营造历史与当下穿越交合的美感（图4-21、图4-22）。

图4-21 悦美术馆外观

Envelope建筑设计公司为迪里·坦格尔律师事务所设计的办公室位于一个19世纪晚期的旧仓库里。原先的建筑结构被保留，设计师赋予其新的工业化特征，木构架、管道、电缆外露，使用色感鲜明的蓝色与绿色橡胶地板铺设地面及区分空间区域，布置先锋时尚的家具陈设。旧建筑与先锋时尚之物相交合（图4-23、图4-24）。德佩尔与斯特伊克建筑设计事务所设计了哈卡回收办公室，其位于已经闲置几十年的鹿特丹一个港口存储和分销设施建筑的一层，设计师尽量利用原建筑空间及已有的物件材料进行布置。颇具先锋艺术特征的是隔声隔断的设计，用彩色碎布做成，犹如

图4-22 悦美术馆内部

当代先锋艺术的色布拼贴，与结构暴露的老的建筑空间相互对比，突出着空间环境的前沿性（图 4-25）。

图 4-23　迪里·坦格尔律师事务所（1）

图 4-24　迪里·坦格尔律师事务所（2）

图 4-25　哈卡回收办公室

2. 保存与表现场所的记忆

旧建筑及建筑部件经历着时间的洗礼，显现岁月的痕迹并承载往日的记忆。很多设计师努力保护旧的建筑遗存，保存往日的记忆，展现往日的生活经历和讲述往事。

在卡斯泰维奇奥博物馆与奎瑞尼艺术馆改建的过程中，斯卡帕认为应当反映出"历史透明度"，通过对于各组构元素的解析与交合并置，理清不同的建筑脉络，使历史的印记真实地加以展现。在改建后的空间中，原建筑形态、空间与部件被精心加以保护和展现，使参观者感受到浓浓的历史氛围与美感。

在海德马克博物馆的改建中，废弃的畜棚被作为挪威先民不可替代与复制的过去生活的积淀加以精心保存。费恩在充满残破遗迹的院落中间加建了一条徐缓抬升的水泥坡道，构成参观的流线，引导参观者在历史遗存的空间与新建空间中穿越，产生强烈的时空交错的幻觉。残破的古建筑遗存在呼唤往日的记忆，讲述往事，历史在新旧交错中复苏。

英国泰特美术馆是废弃的火力发电厂的改建项目。该发电厂在过去供应着伦敦的城市用电，其形象是工业文明发展的记忆及泰晤士河畔的标志物。改建中，设计师赫尔佐格与德梅隆忠实保留了存在于市民记忆中的发电厂的外观印象，在顶部加建了 2 层高的玻璃的盒式空间，该空间轻盈、诗意化地"飘浮"在旧建筑之上，为改建后的美术馆中庭提供采光，也作为参观者欣赏伦敦景色的休闲场所。中庭中使用粗犷的钢构架作为支撑结构，强化着火力发电厂的工业意象（图 4-26、图 4-27）。

图 4-26　泰特发电厂外观

图 4-27　泰特发电厂中庭

　　在意大利都灵附近的卡雷纳砖厂整建项目中，旧砖厂的厂房被保护与改建，使之适应新的空间用途，碎砖、碎瓦也被作为历史的见证与记忆之物而加以保存和再利用（图 4-28、图 4-29）。

　　在纽约世贸中心重建方案中，里伯斯金保留原建筑废墟的地下墙基，用以表现场地过去发生的事件，表现震撼人心的情感力量。

　　"9·11"后，原世贸中心建筑场址留下一个深达 20 多米的大坑，建筑下面深埋的摩天大楼的地基及防止渗水的"地下连续壁"显露出来。"地下连续壁"是该大楼建造时为防止地下水渗透修建的密封挡水墙基，冰冷、潮湿，表面布满斑驳杂乱的颜色，布满长年累

图 4-28　卡雷纳办公室

图 4-29　绿洲

图 4-30　地下连续壁

图 4-31　德国议会大厦内部

月人们为制止渗水不断增补的厚厚堆积的水泥斑块的痕迹。里伯斯金在地下深埋的粗糙斑驳的挡水墙上感受到激动人心的事件，感受到城市的历史、人们建造过程的艰辛与抗击困难的意志和伟大力量。粗糙斑驳的挡水墙制造着心灵与肉体的冲击。

世贸中心重建方案中，里伯斯金保留了建筑废墟下的深坑与"地下连续壁"，将其作为新建筑的地下纪念碑或装置艺术，使参观者在阴冷、黑暗的地下空间看到这些墙体，激发强烈的精神体验（图 4-30）。

福斯特主持的柏林德国议会大厦更新改建项目对于过去的历史遗迹予以高度尊重。在进行整修改建的过程中，一些原建筑的残破墙面、石柱、装饰与该建筑被攻占后苏军士兵刻画的文字图画，被作为见证历史的印记而原样地加以保留，向观者展现着历史的记忆及往日发生的事件（图 4-31）。

3. 文脉传承发展

在很多旧建筑保护与改建项目中，旧的建筑遗存成为地域、场所文脉延续与发展的载体，其既是文脉及往日文明的标志与记忆之物，也被作为当下新建筑、新空间构建与发展的依据与范型，提供新的设计构建的启发。地域场所的文脉、过去的生活方式、人与自然的联系及过去的建造技艺，通过这些遗存的保护与再建而复活，在当下新语境中传承发展。

比利时哈斯贝克名为"兔子洞"改建项目的原址是老旧的农场住宅。设计师巴特·兰斯认为新建筑不是简单复原旧建筑，应当具有新的功能，使之适应当代生活需要，同时保持历史的连续性，将新增加的建筑整合到历史文脉之中。旧住宅乡村风格的样式被保留，根据当下需要，进行建筑平面重新划分，对入口、建筑的底层部分进行改建，加建了中心房间等，改建部分使用了与原建筑相似的砖砌，使新建体量与原建筑建立了新的联系，生成新形态，传统与地域文脉被以当代方式加以发展（图4-32、图4-33）。

图4-32 "兔子洞"中心房间

图4-33 "兔子洞"入口

斯洛伐克卡契蒂斯小镇的乡村工作室，是对一个约建于 19 世纪末的废弃砖窑的改建。该改建项目是对传统、连续性、场所和制砖历史的致敬，设计师几乎原封不动地保留了原始的砖窑形态，包括隧道形式的屋顶、通风管道，使用了原建筑的砖砌方式。围绕原始结构，在顶部增建了钢结构的平台与顶棚。并进行了门窗等处的装修，绿色植物生长在工作室的墙面与顶面，建筑物与周围自然融合为一体。传统的空间形态被延续和发展，传统烧窑制砖的精神也被居于其间的设计师所传承（图 4-34 ~ 图 4-36）。

图 4-34 砖窑遗址

图 4-35 改建后建筑外观

图 4-36 改建后室内

在巴勒斯坦比尔泽特历史中心区复兴的项目中，里瓦科建筑保护中心意图复兴日益衰败的比尔泽特镇，并通过保护工程推进过程复兴日渐消失的传统的工艺。该项目使用了人们能够承担造价的传统技术与地方材料进行社区再建，建筑物被保护与修整，街道铺设地砖，增设并改善供水与排水设施。传统的生活方式被复兴、传统的建筑形态与建造技艺焕发新的生机（图4-37、图4-38）。

图4-37　杂技学校修复前外观　　　　图4-38　杂技学校修复后外观

基于人类学的视野，萨利马·纳吉致力于摩洛哥南部绿洲城镇地方文化价值与精神传统的保护。今天，该地区的古老城镇纷纷遭到废弃，配备现代化设施、以煤渣砌块与混凝土建成的标准化建筑正逐渐替代传统的建筑物，传统的建筑技术也趋于消失。

纳吉的目标是改变此现象，意图恢复人们对于自己的历史建筑与公共空间的意识和"所有权"的精神。纳吉运用传统的土坯、石块砌筑等技艺开展对于古老的防御工事、街道、宗教学校、清真寺、民居谷仓等遗存的修复与改建，使之保持并且发展历史的传统，适应今天的生活要求。设计师引导当地的新老居民共同参与这一过程，让设计能最终为当地人所使用（图4-39）。

图 4-39　修复后建筑内部

图 4-40　办公楼翻修

4. 生态建构

很多设计师关注与表现旧建筑遗存文化意味的同时，进行旧建筑保护改建的生态建构，研究探索减少资源消耗、节能、生态环保的新途径，使旧建筑生成发展新的使用功能并具有生态意义。

菲利普·萨米恩及合伙人建筑事务所的办公室翻新工程是对一座建于20世纪60年代老房子的翻新改造。设计师保留了原建筑的基本形态，延续着城市街区的原有肌理与历史脉络。建筑立面的装饰性的窗间墙被拆除，更换成大片的玻璃窗，使室内具有良好的景观视觉。建筑的外部立面上安装了可调节的竹制遮阳百叶，其避免了过多的太阳辐射，可以有效地调节入射的自然光，同时避免炫光。在室内装饰装修中，设计师大量地使用了取材便利、无异味的竹材（图4-40）。

位于纽约的国立奥杜邦协会总部大楼的原建筑是具有百年历史、带有明显历史特征的商业建筑，该建筑的改建基于保护历史建筑原貌与生态构建的综合观念，具体的生态特点包括：

充分利用自然光线，顶部设有隔热涂层的人字形天窗采光，空间通透，墙面涂刷具有光线反射性的浅色调，内部空间享有良好的采光。

设自然驱动的金属板装置与框架结构，使通风量增加100%，同时提供高水准的空气过滤装置。

每层楼都设有纸、铝、塑料和有机物的回收滑道，在地下室进行分拣分类与循环利用。使用可更新回收材料，所有办公室的家具均由可更新的木材及各种可回收利用的材料制作。

　　国立奥杜邦协会总部大楼改建项目提供了文脉保护与生态构建的综合研究探索的范型。从城市可持续发展的视角看，该项目研究有降低能源与自然资源消耗、减少城市的垃圾排放及减少垃圾处理场地与资金投入、净化城市空气、保护城市水源的意义（图4-41、图4-42）。

图4-41　国立奥杜邦协会总部外观　　　　图4-42　国立奥杜邦协会总部内部，设垃圾分类处理装置

　　德国议会大厦更新改建项目是旧建筑生态构建的重要范型，构建环保生态的节能建筑是福斯特提出的基本理念之一。

　　设计师在议会大厅的上方安置玻璃采光穹隆，中心位置悬吊圆锥状聚光体，白天经过表层覆盖的玻璃镜面反射，悬吊的圆锥状聚光体能为下层的议会大厅引入大量自然光线，节省人工照明费用。在夏季为避免太阳直射过热及避免日照反射光线太强产生炫光现象，特别设计了一个可随太阳移动的遮阳板悬挂在倒立圆锥状聚光体的顶端。

　　上部穹顶并非完全封闭，玻璃分层交叠固定于钢构拱券上形成通风缝隙，供下面议会大厅内空气自然对流之需，以被动与主动相结合的方式，营造良好的通风效果，并达到节能的目的。原先的旧建筑使用柴油发电供电的方式，造价高且高污染。改建后采用向日葵籽或油菜籽提炼的植物油发电，这些植物油为储能植物体，接受日光照射后即将太阳能储存，其燃烧发电能减少二氧化碳的排放量（图4-43、图4-44）。

图 4-43　德国议会大厦外观

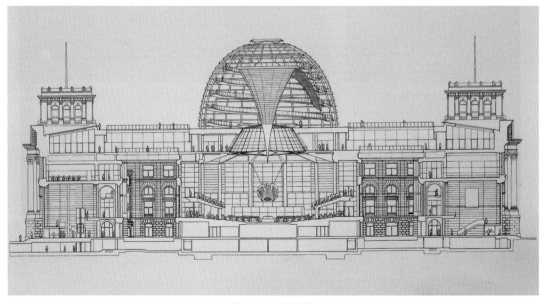

图 4-44　剖面图

（四）结语

　　旧建筑保护改建已经成为当代建筑设计、室内设计等空间设计普遍关注的内容，设计师运用当代观念与技术，采用重塑叙事逻辑、扩展空间、包裹、植入、增设部件等方式开

图 4-45　议会大厅

展各种设计探索。旧建筑的保护与改建具有诸多意义：

（1）拓展审美与建筑艺术表现的边界。旧建筑及旧部件的审美意味、叙事表现意味被不断发掘，以当代方式加以更新和发展，"新"与"旧"有机交合，表现有意味的空间环境的美感，生成新意义。

（2）保存历史记忆。呼唤、追溯往日的文明印记，讲述过去的故事与事件，丰富建筑空间的叙事性，增加建筑空间的可读性与感染力，表现场所精神并激发情感共鸣。

（3）传承文脉，延续发展历史文化脉络。重构趋于消失的往日文明，恢复再建场所精神，发展往日的生活尊严，传承与发展过去的建造技艺。对于旧建筑的保护改建，也具有变革设计观念，激发想象，丰富发展当下建造手段的意义。

旧建筑保护改建是生态建筑研究探索的重要方面，以旧建筑为载体，设计师进行各种生态构建方面的研究探索，减少建造预算，节约资金，减少资源消耗，减少建筑垃圾及各种废弃物堆积排放，降低城市垃圾处置的投入，促进人类文明可持续的发展。

五、人工生命研究与当代生命空间探索

（一）引言

人工生命是当代新兴的跨学科的复杂科学研究，以系统论、控制论、信息论、涌现理论、耗散结构理论、新有机理论等作为理论基础，运用计算机，人工生命研究进行各种人工生命及人工生命机能的研究探索。

人工生命的早期研究可以追溯到 20 世纪 40 年代和 50 年代阿兰·图灵和约翰·冯·诺伊曼的工作，图灵利用计算机进行生物的形态发生研究，冯·诺伊曼试图用计算揭示生物自我繁殖的逻辑形式。20 世纪 80 年代至 90 年代初随着快速、功能强大的计算机的出现，人工生命研究开始快速发展，1987 年圣菲研究所组织的第一次国际人工生命研讨会的召开，标志着该研究领域的正式形成。经过 20 多年的发展，人工生命研究已经成为一门重要的新学科，立足于当代学术视野，很多系统科学、控制科学、信息学、计算机科学、人工智能、生物科学、机器人科学、哲学、社会学、生态学、经济学等领域的学者投入该领域研究。研究的方向与维度复杂，内容丰富，不断取得新成果。

基于将各种人工系统作为有机生命体加以认识，并进行生命机制的效仿与类比，人工生命研究展现出新的学术视角、新的认识观照世界的维度与方式，作为跨学科的新科学，对于当代社会学、哲学、生态学、管理学、经济学、教育学等领域产生广泛影响，开拓新的视野，启发新思想与新观念，启发观念变革与学术创新。

当代社会正转向"生命时代"，与时代大潮相同步，当代建筑设计、室内设计、城市设计等空间设计也在发生新的转型，探索构建有机的"生命空间"，成为当代设计的重要特征，设计师进行种种"生命空间"及生命机能的研究探讨。

在新的转型过程中，人工生命研究与系统科学理论、新有机理论、涌现理论、混沌理论、折叠理论、基因理论、计算机参数化设计理论等现当代学术理论相穿插交合，启发推动当代"生命空间"的研究探索，推动建筑及环境生成方式与构建技术的发展变革，也引发对于建筑与环境的本体认识及设计观念层面的发展变革。

（二）人工生命研究

1. 人工生命研究的基本思想

人工生命研究体系复杂，内容丰富，基本思想包括：

人工生命不用分析解剖现有的生命体、器官、细胞、细胞器的方法理解生命，而是用在人工系统中产生似生命行为的方法研究生命，主要使用软件在计算机中产生具有生命特征的人工生命体。

生命的本质在于组织形式而不在于具体的结果，例如，核苷酸、氨基酸以及其他以碳为基础的分子本身都不是有生命的，然而把它们以合适的方式组合到一起，从其相互作用中涌现出来的动态行为却是有生命的，生命是一种行为，而非一种事物。人工生命运用控制生命的逻辑，通过计算机等媒介，把生命行为从简单的组成部分相互作用中合成出来。

人工生命体的生成建构模拟、类比自然之物"自下而上"的自组织的涌现过程，通过计算机编程的信息处理加以实现。人工生命的基本特征是"自下而上"的涌现。

2. 人工生命研究的主要内容

人工生命的研究方向与内容复杂，自然科学领域与人文社会科学领域相互交叠，外延宽广，包括：

（1）数字生命研究

运用计算机程序开展生命个体的人工生命研究，生成生命体的各种特征与机能，包括Tierra 数字生命世界、元胞自动机模型等。

（2）人工脑

日本 ATR 的进化系统部开发新的信息处理系统，该系统具有自治能力和创造性，不仅能够自发形成新的功能，而且能够自主地形成自身的结构。

（3）虚拟生物

简单的例子有人工虫活动、鸟群飞过障碍物等，L—系统模拟生物形态的变化过程，人工鱼演示系统在物理仿真世界中演示自律运动、感知、行为和学习。蚁群算法模拟蚂蚁群在搜索食物、搬移死蚂蚁等活动时表现出的种种集群智能。

（4）进化算法

人工生命研究的重要内容是遗传进化现象，遗传算法是其中最为典型的算法之一，利用计算机探索设计人工生命体的遗传与进化规则。

（5）进化机器人

该机器人具有自主性，比传统设计方法行动更快和更加灵活，具有自主行动的智能。

（6）数字社会研究

在计算机上创立一个数字社会，用于研究文化和经济的进化过程，模型包含：①一群具有自主能力的行为者；②一个独立的环境。

该模型遵循行为者之间、行为者与环境之间、以及环境各个不同要素之间相互自主作用的规则。人工社会是动态的，具有适应性的数据结构，能够随着时间过程发生变化，每个行为者都具有自主性和遗传特征，并进行自主的交互作用。

（7）数字生态环境研究

一些研究者提出名为 EUZONE 的进化的水中虚拟生态环境，用以观察生态系统如何从原始状态进化及复杂生态系统的涌现行为。利用物理与化学模型，结合进化规则构建以碳元素为基础的水中生态环境，观察低等动物的形体进化及生存竞争。生物进化由遗传规则和遗传算法来实现。

（8）人工股市

与人工生命的基础研究相联系，圣菲研究所提出构建模拟股市运转的计算机系统，在电脑中重建模拟的股票交易环境，用具有学习能力的人工智能程序系统代替全知全能的股票交易者，以此方式预测、把握股票交易的状况。

作为 21 世纪的新科学，人工生命研究的很多关键问题有待于解决，包括人工生命系统涌现的层次性、人工生命系统智能的发展、人工生命系统的开放性与人机交互等，其是目前研究开展的重要课题。①

（三）当代生命空间探索

现代建筑运动兴起之始即开始建筑的生命特征与生命机能的探索。勒·柯布西耶将建筑同自然之物相联系，认为建筑受"宇宙法则"所支配，提出自然界或宇宙间存在着一条"轴线"，一切客体或一切现象顺应它排列。"如果，根据计算，飞机的外形像一条鱼，像自然物体，这是因为它重新找到了轴线。如果独木舟、乐器、涡轮机，这些实验和计算的成果，在我们看来都像'有机的'现象，这就是说，像某种生命的载体，那是因为它们排列在轴线上。"② 勒·柯布西耶认为建筑即是"生命体"，具有生物学意义。

柯布西耶提出建筑受"宇宙法则"所支配，意图揭示包括建筑在内的宇宙万物遵循一些共同的法则，物理学、数学与生物学之间存在共同的机制与规律。"宇宙法则"被很多现当代设计师所研究探寻，也为基于"系统观"的现代物理学、系统论、控制论、信息论、涌现理论等新科学及当代计算机科学的新发展所不断加以证实。

将建筑作为有机体，探索建筑生命体的特征与机能是 20 世纪现代建筑运动的重要线

---

① 关于人工生命的研究状况见：李建会，张江. 数字创世纪——人工生命的新科学[M]. 北京：科学出版社，2006；薛惠锋，吴晓军，解丹蕊. 复杂性人工生命研究方法导论[M]. 北京：国防工业出版社，2007。
② 勒·柯布西耶. 走向新建筑[M]. 陈志华译. 西安：陕西师范大学出版社，2004:178-179。

索，勒·柯布西耶的萨伏伊别墅、朗香教堂，赖特的流水别墅、古根海姆博物馆，小沙里宁的环球航空公司候机楼等建筑都表现出有机生物的意象。

20世纪八九十年代及以后，随着系统科学理论与生态理论、新有机理论、混沌理论、涌现理论、折叠理论、基因理论等现当代学术理论广泛传播、计算机技术发展及人工生命研究兴起与发展，"生命空间"的研究探索步入新的发展时期，由"类比机器"转向"类比自然"，建筑被很多设计师视为有机生命之物或人工生命体，具有生命之物的特征与机能，遵从"宇宙法则"，遵循生命之物的生成逻辑、生存逻辑，发展自组织、自适应、遗传、交互等机能。

在此转型过程中，人工生命研究与"生命空间"的研究探索发生着重要的相互穿插交合的交互影响，理论基础、研究观念与研究方法相互交叉，系统科学理论、涌现理论等学术理论是"生命空间"研究的理论基础，作为人工生命研究基本生物模型或方法的元胞自动机、L—系统、蚁群算法、遗传算法等被普遍用于建筑与环境的生成构建之中，"生命空间"的研究探索也是广义的当代人工生命研究的有机部分。

与自然科学领域人工生命的基础性研究不同的是，"生命空间"的研究探索，既体现在生成构建的物质技术层面，也体现在思想观念的层面及对于建筑与环境的认识层面。

立足于新的学术视野，学者与设计师开展种种生命空间的研究，探索发展自组织、自适应、遗传、交互等机能，探索建筑物与自然、环境的一体化的共生关系，观念复杂，研究方向与层次丰富。"自下而上"的涌现成为建筑生成的基本路线，计算机建模及参数生成作为建筑生成建构的基本方式。"生命空间"的研究探索在空间设计本体认识、建筑物与自然关系、环境关系、建筑物生成与构建、建筑材料等诸多方向与层面开展，与当代新有机设计、涌现设计、智能设计、混沌设计、折叠设计、参数化设计等研究探索相交叠。

当代学者与设计师基于不同方向与层面开展"生命空间"的研究探索，包括以下相互交叉的内容。

1. 共生建筑

在发展早期新陈代谢理论的基础上，黑川纪章提出"共生建筑"论。他认为在信息社会，"机器时代"正向"生命时代"转移，其差别是机器排除了一切不相关的模糊性，完全按功能和理性的原则来构造，而生命则包含了诸如废物、不确定性和活动余地等要素，是一种流动的结构，永远创造着动态的平衡。

黑川使用生命系统、生物学和生态学等关键词表述生命时代和建筑。强调生命和生命形式，强调整体性并且强调部分、子系统与亚文化的存在和作用，提出建筑像有生命的组织一样具有开放的系统，具有生命体的模糊性和不确定性，与自然、环境相共生。提出应当以会生长的生物模型为基础，从信息技术、生命科学和生物工程学提取建筑的表现方式。[①]

2. 宇源建筑

20世纪90年代，查尔斯·詹克斯转向建筑的复杂性研究，认为复杂科学所描述的世界使人们获得了第一个后基督教的新型综合世界观，一个能使科学家、理论家、建筑师、艺术家以及普通民众联合起来的统一点。基于复杂理论，詹克斯提出"宇源建筑"论，将建筑置于复杂的宇宙与自然生命系统中加以认识，主张建筑的复杂性，提出建筑应尽量接近自然并使用自然语汇，建筑反映宇宙源生力量的本质（自组织、衍生等现象），建筑反映系统的组织层次、多价性、复杂性与混沌的边缘并且建立自下而上的参与系统，建筑应借助现代科学发现的宇宙规律等。[②]

"宇源建筑"论传承与延展了勒·柯布西耶的建筑宇宙论，认为建筑应当遵循"宇宙法则"，顺应宇宙的"轴线"排列，顺应自然与生命的规律，建筑与宇宙，与宇宙万物相合一。

3. 动画形态与量产定制化

参数化设计及参数生成是当代生命空间探索的重要方面。格雷戈·林恩是先行者。基于涌现理论、折叠理论等当代学术理论研究，林恩进行"动画形态"的研究探索。林恩认为，如同各种自然生物一样，建筑物形体的形成也应当由场地的各种条件因素所构成的"力场"所影响决定，建筑物应当积极"响应"场地"力场"的作用，适应场地并与场地相交融。林恩提出使用电脑动画模拟与反映场地中建筑形体与力的关系。

当代形形色色的计算机参数化的设计研究，普遍探索、遵从有机生物的生成法则，并且表现有机生物的形态特征。

与动画形态研究相联系，林恩提出"量产定制化"的概念。胚胎学住宅方案探索了建筑的"量产定制化"。林恩意图使建筑能够规模化地大批量生成构建，同时又保持与体现不同的个性与适应性，以满足不同人群的喜好。林恩观察研究了受精卵发育过程的不同变化。受精卵分成两个细胞，然后分成更多的细胞，逐步失去了最初的相似性。胚胎住宅方案利用计算机参数生成的方式及遗传算法，遵循胚胎形成的过程，其也"自主"地反映了胚胎的形状。每套住宅都是双层并呈现为碟形，便于批量化构建，具体设计建造时使用计算机，依据场地气候、建筑财力、业主对功能和美观方面的要求等进行加工，形成不同要求的形状与功能，这样，每套住宅又是独特和不同的（图5-1）。

林恩"完美生活"展示厅的室内设计实际实施了"量产定制化"的策略。该展示厅为一家生活用品公司设计，方案构思基于"如何在世界的不同地点反映一致的品牌特质"的理念。林恩通过系列的衍化规则制造各种尺度和形状的展示厅，以适应不同地点的实际状

① 郑时龄，薛密编译. 黑川纪章[M]. 北京：中国建筑工业出版社，1997：203-220。
② 黄献明. 复杂性科学与建筑的复杂性研究[J]. 华中建筑，2004（4）：22。

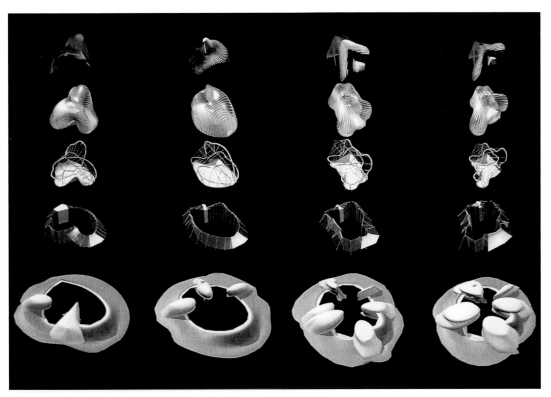

图 5-1　胚胎学住宅

图 5-2　"完美生活"展厅

况。展示厅突出的特点是波浪状的"里衬",其由机器根据不同的地点与需要加工成形,犹如胚胎住宅,既保存一定的基因形态,又能衍生各种不同的新形态(图5-2)。

4. 参数化主义

帕特里克·舒马赫提出"参数化主义"的主张,认为参数化主义强调复杂性,有组织的复杂性使建筑师的工作趋同于各种自然界的系统,因为自然界的所有形态都是有规则的相互作用的结果。就如同自然界的系统,参数化的组织形态高度地整合在一起。[①] 他认为当今社会已经演化为以多样性为特征的异质社会,参数化主义所要阐述的关键性课题可以概括一句话,即在后福特主义社会中组织并系统地连接日益增长的复杂性,诠释对日益增长的复杂性的需求,以响应"潜在的社会生活的连续频谱",使建筑面对与适应复杂的社会生活。

参数化主义基于参数化设计的范式,基本特征包括系统性、可适应的变化、连续的差异(而不仅仅是种类的多样性)以及动态,这些特征正趋同于自然生命之物。作为扎哈·哈迪德建筑师事务所合伙人,舒马赫所主张的建筑的复杂性,即系统性、可适应的变化、建筑与环境和家具陈设的一体化连续、动态的历时性的观念在该事务所的建筑设计、室内设计、城市设计等项目中加以体现,其趋同于自然生命之物的有机形态,也表现着生命之物的内在的"活性"与机能(图5-3~图5-7)。

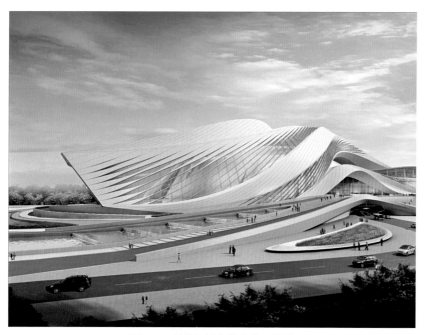

图5-3 新世纪城市艺术中心外观

---

① 帕特里克·舒马赫. 作为建筑风格的参数化主义——参数化主义者的宣言[J]. 徐丰译. 世界建筑, 2009(8):18-19.

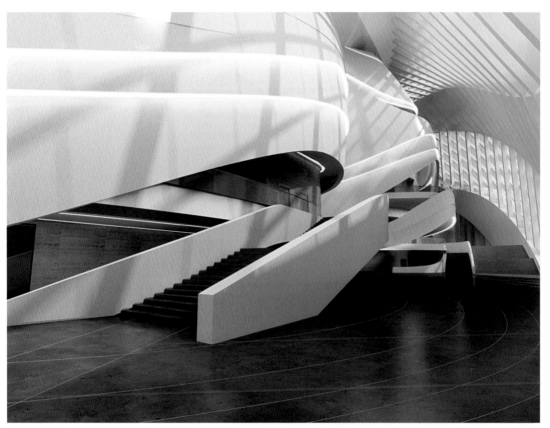

图 5-4　新世纪城市艺术中心内部

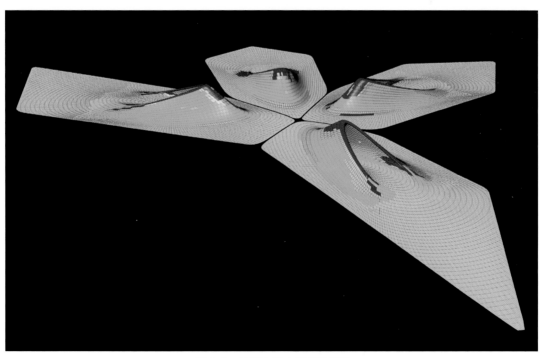

图 5-5　迪拜金融广场参数模型

图 5-6　ROCA 伦敦展厅外观

图 5-7　ROCA 伦敦展厅内部

5. 环境论

与涌现研究相联系，徐卫国阐述了环境论的观点：一棵树或一个动物的成形基于两种力量的作用：一是自身的遗传基因（DNA）的作用，其作为内在的法则构成形态代码，制约了生物形态生成；二是来自于外部，各种外部条件作用于生物，它们只能调节自身形态，迂回或融入各种外力的关系结构中才能长期存活与生长。内在基因与外部条件促使生物进行自组织及自调节，自适应于各种条件而得以生存，建筑设计即应当模仿生物这种自组织、自适应性能。徐卫国与很多国内设计师的建筑设计、室内设计等空间设计作品表现着环境论的有机特点（见图 1-16、图 1-17、图 1-22）。

6. 生长的建筑

一些建筑师及建筑院校课题组突破静态的建筑构建观念，开展动态、历时性的建筑的生长机制研究。

丹尼斯·多伦斯进行能生长的生命建筑研究，利用计算机，从自然生物中找寻建筑生成构建的启发。多伦斯使用 Xfrog 软件，基于 L—系统等算法构建模型，模拟树木、花卉、豆荚类植物生成、生长发育的机制，探索构建具有自然生物特征的建筑的形态与机能，使之遵从自然的生成法则，具有自然生物的形态，能够生长，并且具有自然生命之物的活性，具有自然采光、空气交换、网络循环与交流等机能（图 5-8）。

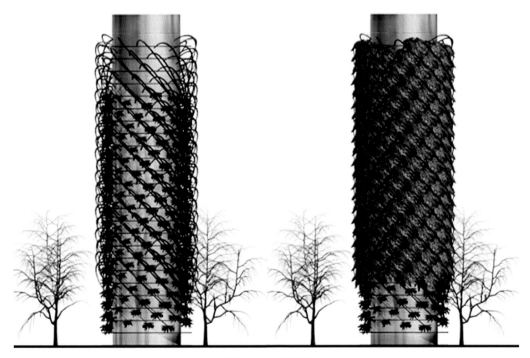

图 5-8　生物设计

麻省理工学院计算机小组的"分枝生长系统"运用管状系统对自然界中植物的分叉机制开展研究。生物学中分叉具有多重意味：发育、生长、扩展表面积、结构支撑、养分运输等。该小组探索将这些生物学原则运用到建筑生成、生长的探索。该研究应用 L 系统在一个联合的模型环境中发展成元胞自动机，使多重影响在系统生成过程中得以同时发生（图 5-9）。

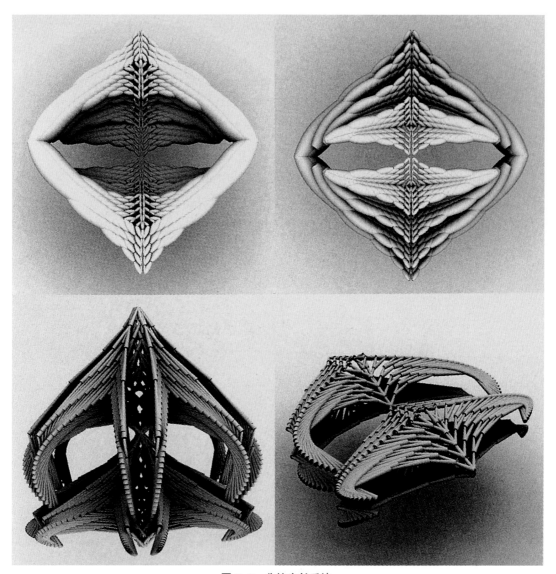

图 5-9　分枝生长系统

7. 动态建筑

自适应是自然界各种生物的基本特征及本能，其能够趋利避害，根据环境情况进行各种调节以适应环境，更好地生存繁衍。动态的自适应也是当代人工生命研究的基本的方向与内容，学者们开展种种人工生命系统的自适应研究。在空间设计领域，与新有机设计、涌现设计与参数化设计、人工智能设计等相联系，很多设计师、建筑院校课题组开展具有自适应机能的建筑的动态研究，以适应不断变化的外部环境与内部的要求。

卡拉塔瓦进行"动态建筑"探索，使建筑能够根据外部的环境状况与内部需要进行形态结构的调节改变，1992世界建筑万博会科威特馆、瓦伦西亚艺术与科学城天文馆等即表现着对于外部环境与内部功能要求的动态的自适应机能。

与早期仿生主义、有机主义简单的形态与功能仿生不同的是，卡拉塔瓦强调建筑的生命体的"活性"关系及生命的逻辑，提出建筑应当具有自然之物的形态，并且是自然运动的隐喻。与自然之物有机形的产生机制相似，建筑是"产生其形状的物理力的痕迹"，是内外环境的各种"物理力"的逻辑化作用及对其反应的结果。

阿凯尔·克兰的设计也具有自适应的"动态建筑"的特征。与涌现理论相联系，克兰从事具有防护自适应特点的"运动的结构"研究，"肌肉"大楼具有一个靠一系列气动组织的分节连接的脊骨，触动置放于关节中心的气泵，即可以使这个结构向不同方向弯曲，使之产生各种不同的形态。这种主动性的结构可以用来抵消由风或地震中不断变化的力所引发的运动，加固高层建筑。

尼尔·林奇指导的"骨骼梁架"利用动态的蜂窝自动控制和形状蜕变的交互过程对不同的外部荷载作出反应。当应对不同的荷载条件时，骨骼的内部结构不断发生突变。这些原则也应用在横梁上，其结果是使具有模仿骨骼内部结构的横梁能够适应各种不同的荷载（图5-10）。迈克尔·亨赛尔等指导的"季节性"研究将构筑物作为一个动态、可逆行的系统运行，并且由所在场地的外部环境变化进行控制。该研究试图使系统具有"被动"（非机器驱动）的自反应功能，能不使用发动机、传感器或控制器等外部设施，对于环境的变化作出反应（图5-11、图5-12）。

图5-10 骨骼梁架

图 5-11 季节性（1）

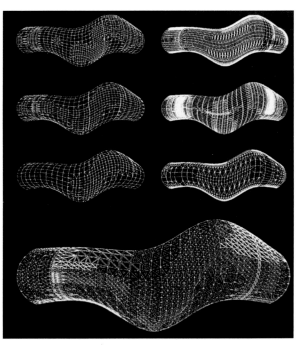

图 5-12 季节性（2）

8. 交互设计

一些建筑师开展建筑与人的交互性研究实验。建筑被作为具有生命反应特征的有机体，空间中的人作用于建筑，建筑也对于建筑中的人的行为作出反应，建筑与人相互交流与互动。

实验建筑师组合迪勒＋斯科菲德奥主张艺术与科学的交叉。在 MoMA（纽约现代美术馆）举办的名为"Para-Site"的空间装置展览中，迪勒＋斯科菲德奥进行观众与空间交互性的观念层面的研究。此作品与医学或生物学相联系。顾名思义，"Para-Site"是医学或生物学中的寄生体的意思，它是巢居在 MoMA 这个有机体内部的寄生体。迪勒＋斯科菲德奥将摄像机、显示器这些具有新科技特征的电子媒介的寄生"细胞"环绕着装在馆内的多个地方，它们一边从被寄生体中（MoMA）中吸收能量，一边通过自身的机能网

图 5-13 Para-Site

络对展览场所进行再构筑（对场所进行摄像、转变、播放等），制造现实世界与虚构世界相交错的复杂场景。在这个空间中，基于电子媒介设施的作用，观众与建筑空间相互交流与互动。由于实际空间与虚拟映像空间中的观众的各种活动，观众在不断改变着建筑空间，生成各种变化的空间图像、空间形态；而建筑空间也在对于观众的行为加以感知反应，进行种种形态变化并引发观众行为的改变（图5-13）。

利用信息技术及多媒体智能交互设施，NOX研究探索构建"聪明"的建筑。建筑物被作为"聪明"的有机体，能够感知人的活动并加以相应的反应与改变。水上展览馆即是一栋"聪明"的建筑。该建筑形态是曲线的有机体，内部空间模糊和不确定，地面、墙面与顶棚相互连接转化，没有水平与垂直的东西存在，空间中的人必须顺应空间形态不断调整自己的动作与姿势以保持平衡和行走，仿佛行进在水流中。在这个空间中，各种传感器探测着人的存在，并以多元集成系统的方式引发建筑内部的变化，人的动作行为转化为空间中电子虚拟水波的各种相应变化与声响的变化。

在这里，建筑空间引发着人的行为，并且"聪明"地对于人的行为加以感知和反应（图5-14）。

"交互式塔"是一个奇特生物状的构筑物或"建筑"，在这个研究项目中，NOX利用多媒体交互系统及观念艺术的社会调查方式，使其能够感知人们的情感状况，并通过各种光色"表情"加以"聪明"地反应。

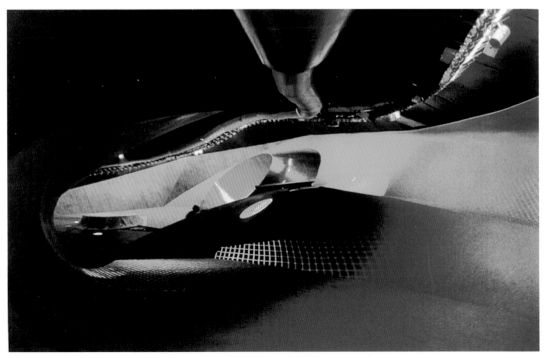

图5-14　水上展览馆

9. 生态技术建筑

克里斯·亚伯提出"生态技术建筑"的宣言，提倡以新的技术手段实现建筑的生命形式、有机性与生态性。宣言提出：

生态技术建筑利用智能技术使建筑、使用者和环境之间取得了动态的、相互作用的联系。在不久的将来，智能材料将有助于实现同样的目标。

生态技术建筑在建筑和自然之间，在人类与有机物的增长发展之间呈现出非人为的边界。它体现出不同生命形式之间的动态平衡和能源效率的原理，与控制自然生态系统的原理相同。

生态技术建筑是自我组织系统。它不是固定的或者最终的产品，而更像是一个生物有机体，持续不断地了解自身和周围的环境，适应变化的条件并提高自身的性能。

生态技术建筑意味着综合设计。包括设计建筑、子系统和部件，所有这些多以协作的方式获得整体的最高性能。

多样性之于生态技术建筑，正如生物多样性之于大自然。设计上的革新要求可选择的方法平行发展和思想的互育，正如生物进化需要物种的繁殖和杂交。

基于生态技术建筑的原则，诺丁汉大学"生态技术建筑工作室"开展新建筑的设计课题研究，其将建筑视为像生物有机体的自组织的事物，利用计算机技术，根据自身和周边环境状况构建生成，适应变化的条件并改善自身的性能。在张拉膜屋顶多重锚固的结构节点的研究项目中，该工作室根据模拟拉力分析测试运用 CAD 模型，并汲取网络上专家的建议生成该节点形态，其过程类似有机体的生成过程，形态也具有有机体的特征（图 5-15）。

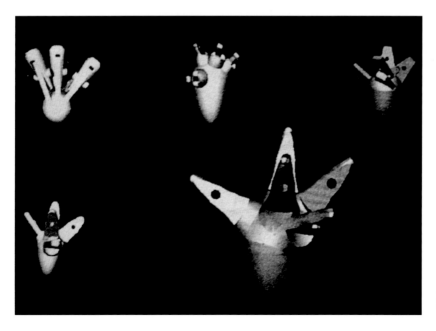

图 5-15 张拉膜屋顶
节点 CAD 模型的演变

诺曼·福斯特设计的香港汇丰银行、伦敦新市政厅等建筑表现着生态技术建筑的有机特征。香港汇丰银行配备了完全采用计算机处理的智能化的建筑管理系统、气候监控系统和保护系统，包括主动（机器驱动）和被动（非机器驱动）要素的混合控制系统，与神经系统有很多相似之处。伦敦新市政厅也是一个生态性的有机体，该建筑使用了动态模拟技术，建筑形体是对太阳轨迹和其他环境因素的生物化的"响应"，其从一个纯粹的球体演变成镜头般的随意的形状，使建筑获得良好的光照与遮阳效果。

在当下，将建筑作为有机生命体加以认识观照和类比，不断激发起新的设计思想与技术观念，激发推动智能设计与生态设计深入研究与发展。

10. 材料生态学

一些设计师关注建筑材料的生命特征，在思想观念的层面上，将材料置于生命系统加以认识思考，主张围绕建筑材料的整个生命周期重构对材料的理解，而不再将其视为无生命之物的存在。材料的生命周期包括从原材料转变为可利用产品的生产过程始，到它们经过运输，在一座建筑物中完成其使用寿命，最终被拆除和替换的时刻为止。材料的某一生命周期结束后，将被置于新的系统或网络中，开始新的生命周期。

此方面的研究被一些研究者称之为"材料生态学"。

彼得·卒姆托的汉诺威世博会瑞士展览馆设计是对材料生态学与生命周期循环探索的代表性实例。该建筑室内使用成千上万条标准尺寸的木条组构为隔断，纵横交叠，形成通风与湿度调节的空隙，由拉紧的钢带捆扎牢固置于结构钢板之上，顶部以螺丝固定。世博会结束后，展览馆被拆除，隔断使用的木材由于未遭到任何固件的破坏，也轻而易举地得到了再利用，进入新的生命周期（图5-16）。

图5-16　汉诺威世博会瑞士展览馆

　　林恩创作的装置性家具"回收玩具家具"系列表现着与之相似的材料的生命周期循环的特点。该系列作品是林恩回收很多儿童旧塑料玩具加之融化重塑而成，色彩明快，形态犹如奇特的有机生物，充满生机与活力，旧的塑料玩具在新的循环周期与系统中再生。基于其蕴含的有机观念与形态的表现力，该作品获第 11 届威尼斯建筑双年展金狮奖（图 5-17）。

　　林恩指导的"单纯体"研究也体现着材料生命周期循环及材料生态学的特点。该建筑由晶体状的细胞单体所构组，每个细胞体根据结构需求加以变化。它由高密度聚乙烯合成纸建造，能够折叠改变和移动，所有复杂细节都预制完成。建筑能够装拆和再利用，使材料的使用周期加以延续（图 5-18）。

图 5-17　回收玩具家具

图 5-18　单纯体

（四）结语

将建筑（广义，包括其内部环境设计物与外部环境设计物）作为有机生命体，进行各种生命特征与生命机能的研究探索，已经成为当代空间设计的普遍现象，体现在很多设计师的设计创作中，"有机体"、"生物体"，以及"呼吸"、"循环"、"生长"、"生成"等生物学术语成为建筑设计、室内设计、景观设计、城市设计常用的词语。

设计的有机生命的特征，既体现在功能与构建方式层面，也体现在观念认识的层面。

"生命空间"的研究探索具有丰富的文化意味：

1. 深化建筑的认识

将建筑作为有机生命体加以类比，深化对于建筑的认识，探寻"宇宙法则"，丰富设计意义，构建新的建筑宇宙观、自然观、环境观，构建新的生成构建观念。

2. 发展机能

激发建筑机能研究与发展，推动具有人工生命体特征的自调节、自适应及各种智能反应的深化研究，推动建筑的机能不断发展，功能优化，更好地适应环境，更适用。

3. 生成方式变革

将建筑作为生命体研究，不断激发建筑生成方式的变革。运用计算机，使建筑生物体般地"响应"环境，基于外部的各种条件状况与内部的要求，自发性、逻辑化地生成形体与空间，优化地"孕育"和"生长"。

4. 建构技术变革

"生命空间"研究激发推动建筑与环境构建手段及建造技术的研究与变革。引发计算机数控加工技术、快速原型技术等新的材料加工与成型方式的研究发展，激发种种新的建造与结构手段的研究，也激发各种新材料的运用探索。

5. 审美发展

"生命空间"研究使建筑设计、室内设计、城市设计、景观设计的形态多元多样，美的范型走向丰富复杂，不断引发审美观念的变革，发展有机美、混沌美、随机美等新的审美范型。

6. 生态性

将建筑作为宇宙与自然的有机部分，促进设计生态观与生态技术的发展，建筑与自然环境相共生，优化美化环境、负熵、低消耗、材料再生、无污染成为当代"生命空间"研究探索的基本线索。

目前"生命空间'的研究探索处于起始阶段，很多项目为研究性的概念方案，未实际加以实施，但其展现诸多新观念、新范型，提出诸多新启发，很多研究预示空间设计未来发展的新途径。

六、高层建筑中"庭院"的当代构建

（一）引言

"庭院"是有墙体围合的功能房间前的过渡性空间，是传统建筑不可缺少的过渡性的空间部件，中外传统的民居、商家店铺、官府机构、旅馆驿站等一般都有"庭院"。"庭院"具有丰富的空间意义，包括：空间过渡，防护，行走流动，交往与聚会，纳凉休闲，引入阳光、风、雨、雪、雾，种植花草果蔬，晾晒衣物与食物等。"庭院"作为中外传统建筑基本的空间部件或"类型"，被世代加以构建流传。

19世纪末20世纪初，随着近现代高层建筑（广义，包括特指的"多层"与"高层"建筑）兴起，传统的单层与低层建筑逐渐被替代，传统的"庭院"随之趋于消失。作为一种不可或缺的空间"类型"或部件，很多设计师在高层建筑物的外部周边及建筑体量围合的内院建造景园庭院的同时，在建筑的内部及顶部构建类似传统"庭院"作用的过渡空间，构建高层建筑中的"庭院"。米兰公寓的天井、拉金大楼的门厅、古根海姆博物馆的中庭、柏林爱乐交响乐团音乐厅的门厅与休息厅、福特财团总部大楼的中庭等是代表性的现代高层建筑内"庭院"的例子。

20世纪七八十年代及以后，随着信息时代的发展及当代社会文化的构建与发展，建筑文化开始新的转型，基于当代文化语境与技术语境，设计师开始形形色色的当代高层建筑及高层建筑中作为过渡空间的"庭院"的设计探索，观念复杂，形态与构建方式丰富多彩，空间意味丰富。

（二）当代高层建筑中"庭院"的类型

当代高层建筑中的"庭院"形态复杂多样，大体包括下述一些类型，在具体的建筑实例中，其往往相互交合、穿插并趋向模糊。

1. 中庭

中庭是高层建筑内部"庭院"的基本形态，相当传统建筑的主要庭院。中庭以大的顶部采光天井的方式将内部空间与外部空间加以联系，并且构成空间区域的连接与过渡。中庭一般空间宏伟，光线明亮，具有良好的视觉与心理效应，便于建筑内部人员的流动与交往。中庭也是人与自然沟通的场所，将自然光线引入到室内，栽植花草树木与设置水景。

20世纪70年代以后，随着当代建筑的探索发展，高层建筑中的中庭不断发展，设计观念、形态、功能与构建方式趋向多样和复杂。

贝聿铭设计的华盛顿国家美术馆东馆的中庭呈三角形，艺术展厅置于三角形中庭的旁边，用平台、天桥和楼梯相连接。三棱锥的玻璃顶棚置于中庭之上，设置除雪的电热器与管状的铝合金遮阳百叶。大厅中栽植了树木，光线明亮柔和，光影交错，考尔德制作的活动雕塑在空中转动，表现着充满生机与活力的空间意象。

在努维尔设计的巴黎阿拉伯研究中心，中庭将博物馆与图书馆相连接，与边庭和边廊叠加交错，并与中间的线形的缝隙相连通，将自然光线与风引入建筑内部空间（图6-1）。

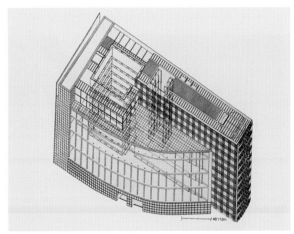

图6-1 巴黎阿拉伯研究中心轴测图

霍尔的赫尔辛基当代艺术博物馆的概念是"错综结合"，主体建筑为矩形体量与弧形体量相交合，"文化轴线"以曲线的方式将博物馆与芬兰大厅相联系，同时将建筑与周围的景观相联系。博物馆的中庭是一边为弧线的三角形，上下贯通与交错，视点丰富，视线变化丰富，在不同层面中展开着富有变化的空间序列，并引入富有变化的、交错编织的柔和天光（图6-2）。

库伯·西姆伯劳设计的宝马公司客户接待中心呈现自然有机体的奇特意象，形态与龙卷风和水流漩涡相联系，空间形体具有强烈的冲击力。中庭表现着有机体的意象，结构丰富多变，流动的螺旋坡道呼应着建筑外部的螺旋形态，使车辆能便利地在上下空间

图6-2 赫尔辛基当代艺术博物馆

中流动（图6-3、图6-4）。其阿克雷艺术博物馆表现着飞行器的未来意象，中庭设在入口门厅，空间宏伟，阶梯、通道等空间部件交错，光影变化丰富，强化着建筑空间高技术的先锋特征（图6-5、图6-6）。

王澍的宁波博物馆被作为一个人工山体加以设计，意图构建"有生命的物体"。该建筑的中庭表现出洞窟般的原始意象，回收的旧砖瓦构成的"瓦片"与毛竹模板浇筑的混凝土构成中庭周围墙面，顶部梁架结构仿佛树枝般地交错排列，强化着作为自然与历史演化进程展现场所的空间氛围（图6-7）。

图6-3 宝马客户接待中心（1）

图6-4 宝马客户接待中心（2）

图 6-5　阿克雷艺术博物馆内部

图 6-6　阿克雷艺术博物馆外观

图6-7 宁波博物馆

图6-8 东京煤气有限公司总部大楼

很多中庭表现着节约能源、降低消耗等生态性。东京煤气有限公司总部大楼是有代表性的例子之一，"生态核"的节能理念贯穿于整个建筑的设计中。

中庭是建筑内部的主要通道与休闲区域，也被作为公司产品的展示区，是建筑"生态核"的中心区域。办公空间的通风利用中庭热空气上升的拔风效应取得，中庭将外界的空气吸入基座层，然后流经与基座相通的各层办公楼面。空气由屋顶的风塔和高层的排气窗排出。中庭顶部为曲面，低辐射的玻璃由多层叠压式木梁支撑，将柔和的漫射光线引入内部空间（图6-8）。

德国议会大厦更新改建项目的穹隆是形态与功能特殊的中庭，是生态构建的重要范型。采光穹隆位于议会大厅的上方，参观者由地面层大厅乘电梯直达屋顶平台，进入穹隆底部后，沿缓缓上升的螺旋坡道到达位于最高点的观景台鸟瞰城市景观，也能俯视下面的议会大厅。穹隆中心位置悬吊圆锥状聚光体，白天经过表层覆盖的玻璃镜面反射，悬吊的圆锥状聚光体能为下层的议会大厅引入大量自然光线，节省人工照明费用。在夏季为避免太阳直射过热及避免日照反射光线太强产生炫光现象，特别设计了一个可随太阳移动的遮阳板悬挂在倒立圆锥状聚光体的顶端。

上部穹顶的玻璃分层交叠固定于钢构拱圈上形成通风缝隙，供下面议会大厅内空气自然对流之需，以被动与主动相结合的方式，营造良好的通风效果，并达到节能的目的。

在海口大厦中庭的设计中，杨经文设计

了一种可以由人工控制的"鳍"。在吹强风时，使"鳍"关闭，风沿着建筑表面滑过；在吹微风时，风沿其"鳍"吹入房间，并形成对流；而风力较大时，可以按照需要关闭一些进风口。"鳍"的使用，使建筑物成为自调节的有机体，可以自我调节与"呼吸"（图6-9、图6-10）。

图6-9 海口大厦外部

图6-10 海口大厦内部

2. 边庭、门厅

设置在建筑入口与内部边缘区域的线状、带状或块状的过渡性空间，相当于传统建筑的前院或偏院。

马斯米拉诺·福克萨斯的塞尼斯音乐厅使用钢构架与半透明的纤维膜围合成环形边庭环厅，顶部设采光天窗。橘红色的纤维膜表皮仿佛帷幔般地包裹着音乐厅，色彩强烈，不规则的旋转环线与斜向支撑的钢构架制造出强烈的动感，强化着作为摇滚音乐演奏场所的激昂的氛围（图6-11、图6-12）。

福斯特主持设计的上海海事大厦的边庭是空中花园式的"庭院"。该摩天大楼上下被分为三段，每隔数层设置一个边庭空间，引进阳光，进行通风和栽植各种植物，表现建筑亲近自然、回归自然的设计理念，使建筑充满活力并加强了人与自然的联系（图6-13）。

图 6-11　塞尼斯音乐厅内部

图 6-12　塞尼斯音乐厅外观

图 6-13　上海海事大厦

LOG ID 建筑事务所等设计的比尔公寓楼的边庭也具有相似的特点。设计师在每个住宅单元前设置一个 2 层房间高的贯通的高敞玻璃边庭,种植植物花卉。玻璃边庭具有良好的温度调节与空气交换的作用。夏天将玻璃边庭外层的窗户打开,形成空气流动通道,使凉空气穿堂而过;厅内绿色植物也有遮阳的作用。在阳光灿烂的冬日,可将居室与玻璃边庭之间的里层窗户打开,给室内供暖。玻璃边庭设置自动的植物灌溉设施,这些植物也是设计的要素,不仅能美化室内环境,也有助于净化空气(图 6-14、图 6-15)。

当代设计较普遍地表现着复杂、模糊、不规则、交错、不确定、碎片化等非线性的特点。这一特点也突出体现在边庭、门厅等区域的设计之中,帕卡·瓦波奥里设计的 KUMU(图 6-16、图 6-17)、西姆伯劳的宝马公司客户接待中心与阿克雷艺术博物馆、梅恩的佩罗自然科学博物馆(图 6-18、图 6-19)体现着此特点,建筑形体与内部空间形态复杂,边庭、门厅也表现着复杂、模糊、不规则、碎片化的特点。

图 6-14　比尔公寓楼

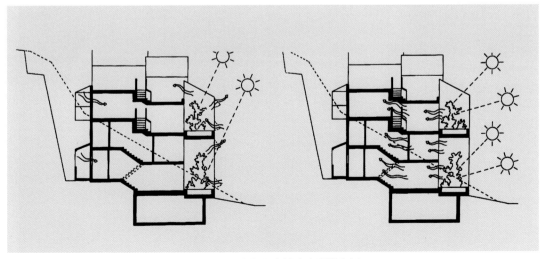

图 6-15　比尔公寓楼生态设计分析

图 6-16　KUMU 内部

图 6-18　佩罗自然科学博物馆内部

图 6-17　KUMU 外观

图 6-19　佩罗自然科学博物馆外观

赫尔佐格与
德梅隆设计的维
特拉家具陈列馆
将多个"房屋"
相交叠，构建出
富有变化的交叠
的形体。门厅、
偏庭被包嵌在交
叠的房屋的空间
中，构成模糊与
开放的"前院"
与"偏院"（图
6-20、图6-21）。

图 6-20　维特拉家具陈列馆内部

图 6-21 维特拉家具陈列馆外观

图 6-22 "大西洋"集合住宅凹廊（1）

3. 凹廊与凸廊

很多设计师在高层建筑中设计建构凹廊与凸廊，以增加建筑与自然的交流，凹廊与凸廊相当于在高层建筑体量中切挖出或粘贴上"庭院"。

阿奎泰克托尼卡设计的"大西洋"集合住宅表现着"热带国际式"的建筑风格及海洋的自然意象，色彩鲜艳明快。主体建筑上被切挖出一个4层楼高的通透的凹空间，构成空中花园。黄色的墙壁、红色的阳台及楼梯与外部的蓝色构成鲜艳的色彩对比，制造出令人兴奋的空间图像。凹廊中建有游泳池，栽植棕榈树，成为人们休闲与享受自然

图6-23 "大西洋"集合住宅凹廊（2）

的场所（图6-22、图6-23）。

　　杨经文探索建筑与气候的有机联系，反映热带气候的建筑个性。梅纳拉·梅西尼加大厦是杨经文的重要代表作，表现着"活的有机体"的理念。建筑底部呈螺旋形状上升到建筑顶部的表面中有许多凹入空间，在这些凹空间内栽种植物，与建筑融为一体。高层建筑中绿化植被的引入，有助于调节建筑内部的微气候，改善空气质量，也使在高层建筑中的人们享受到与地面一样的与自然的亲近感，使之欣赏景观的同时，提供其绿色、富有生机的交往场所（图6-24）。凹廊成为杨经文的基本符号。

　　霍尔设计的麻省理工学院学生公寓楼建筑体量上切出多个大尺度的凹廊，构成公寓楼中的"庭院"，提供给学生户外的活动平台，这些凹空间将阳光引

图6-24 梅纳拉·梅西尼加大厦

图 6-25　麻省理工学院学生公寓楼

入建筑中，也使得户外的新鲜空气在大楼内部流动（图 6-25）。

在 WoZoCo 老年公寓的建筑体量上，MVRDV 设计很多凸出的空间，其中很多被作为住宅的"庭院"或大阳台，提供住户观景、栽种花卉、晒太阳及锻炼身体的户外场所（图 6-26、图 6-27）。

莫斯在废弃建筑及各种废弃材料中找寻设计灵感，其使莫斯感受到自由生动、粗犷奔放的空间意象与启发。在名为"伞"的建筑的一角，莫斯使用钢材、金属网、玻璃等材料构建了一个不规则的动感与扭曲的空中观景的"庭院"（见图 3-21、图 4-15）。

图 6-26　WoZoCo 老年公寓（1）

图 6-27　WoZoCo 老年公寓（2）

泽维·郝克宣称人类的建筑活动是一种神奇的活动，内涵丰富，具有戏剧性，关注人类的基本的精神体验。他的建筑经常呈现螺旋形及向日葵的造型，表现自然有机物的生命意象，也与精神的体验相联系。建于特拉维夫的螺旋公寓采用了"巴别塔"式的造型，建筑各层呈螺旋上升的复杂的螺旋体，中心为中庭，每层错开的部分为开敞的凸廊或凹廊。外观上粗糙的混凝土、茶色金属片和采自于当地的红色石板构成色彩斑斓、粗犷自然的建筑形体，通透、多变的廊台构成公寓楼的多样的"庭院"与通道（图 6-28）。

图 6-28　螺旋公寓

　　在布鲁克林音乐学校的设计方案中，迪勒 + 斯科菲德奥在建筑体的一端设置了形态特殊的凸廊，其是建筑的外部通道，也是空中观览与休闲的景观花园（图 6-29）。

图6-29　布鲁克林音乐学校

4. 屋顶花园

20世纪初勒·柯布西耶就提出了"屋顶花园"的主张，是新建筑的基本特点之一，萨伏伊别墅、马赛公寓等建筑屋顶即建有庭院花园。屋顶花园具有空间审美、功能与生态的意义，增加人们与自然接触的场所，开放空间视觉，并且有助于室内环境的隔冷保暖。当代设计师一直在进行多样化的屋顶花园的设计构建的探索。

克里斯多夫·英恩霍维关注建筑的生态技术建构，倡导"建筑的精神在于技术的完善"。在埃森RWE办公大楼的设计中，设计师在建筑顶部设置了一个玻璃围合的屋顶花园式"庭院"，表现建筑物的自调节特性及与资源、环境相平衡的状态（图6-30）。

"穿越福冈"是一座城市综合建筑，安巴斯意图将城市的文化、生活、景观有效地加以联系。建筑物包括一个大中庭和侧面退台式的屋顶花园，每一层台面上都种植有绿色植物，整个侧面都被绿色覆盖，犹如覆盖了一层绿色柔软的被子。该退台式"庭院"为居民提供了健康的休憩活动空间，同时丰富和美化了城市景观（图6-31）。

安藤忠雄的神户六甲集合住宅顺应山势而建，一部分埋于山体中。建筑采取住宅单元组合的方式，设计了退台式"庭院"，各个单位都有广阔的视野。这样，各单元的住户都

图 6-30　艾森 RWE 办公大楼

图 6-31　穿越福冈

图6-32　神户六甲集合住宅

可以走出建筑，到楼顶平台观看风景，享受户外的阳光照射，与自然交流（图6-32）。

拉斐尔·维诺里建筑师事务所设计的霍华德·休斯医学研究中心也是顺山势而建的退台式建筑。设计师认为"景观即建筑"，意图创造一个技术与自然的交会点。建筑为曲线形体，顺应周围的地形，退台平台上的屋顶花园栽种草皮花卉，建筑的体量被虚化、弱化，与自然景观融合为一体，成为自然的有机部分，也为内部空间引入良好的视觉空间与光线（图6-33～图6-35）。

图6-33　霍华德·休斯医学中心

图 6-34　鸟瞰

图 6-35　玻璃走廊

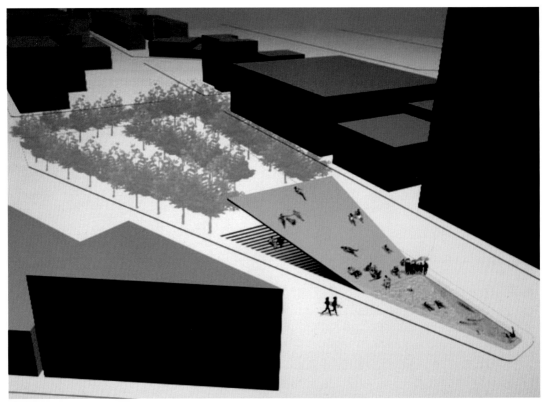

图 6-36 布鲁克林音乐学校屋顶

在巴西的图像与音响博物馆的屋顶，迪勒＋斯科菲德奥设计了露天电影院，视野开阔，观看体验奇特，表现了一种奇特的屋顶花园或屋顶"庭院"的意象。在布鲁克林音乐学校的屋顶，迪勒＋斯科菲德奥构想的屋顶花园表现着设计的奇想，设计了一片屋顶树林，有游泳池，旁边是斜坡的沙滩，沙滩下面的阴影处是休闲区域（图 6-36）。

图 6-37 宁波博物馆屋顶

当代屋顶花园的设计表现种种新奇的形态。王澍设计的宁波博物馆的设计意向是人工的山体，屋顶花园表现"山谷"的意象。周围高耸的建筑体及粗沥的表皮使人犹如置身于山谷之中（图 6-37）。梅恩等设计的佩罗自然科学博物馆的特征是"剪切与褶皱变形"。与塔利建筑事务所合作的基座屋顶花园设计具有强烈的冲击效果，地面上铺着凌乱的石块和水泥构件，仿佛经历了一场灾变后自上面的建筑体中跌落，碎石块被延展至内庭（图6-38）。此屋顶花园表现着粗犷原始的意象。

5. 模糊空间

随着信息化时代社会文化快速发展及非线性思想的发展，当代空间设计走向复杂，高层建筑中的"庭院"也趋向复杂与模糊混沌，前面分析讨论的很多案例的中庭、边庭、门厅等即表现着复杂模糊性。

拉斐尔·维诺里建筑师事务所设计的宾夕法尼亚州立大学千禧科研中心的

图6-38 佩罗自然科学博物馆屋顶

图6-39 宾夕法尼亚州立大学千禧科研中心

图 6-40　阿姆斯特丹马勒 4 号办公楼外观

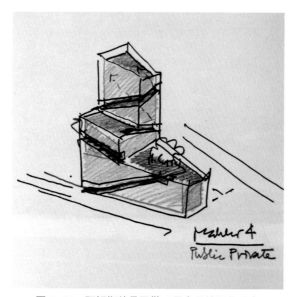

图 6-41　阿姆斯特丹马勒 4 号办公楼绿化示意

入口处，以大跨度的悬挑方式制造着空间的模糊意象。建筑的两翼相接为 L 形，对角处下面悬空，构成一个大的悬挑空间，遮蔽着下面的道路与景观花坛，其形态穿越在建筑与环境之间，穿越在建筑的外部与内部之间（图 6-39）。

维诺里建筑师事务所设计的阿姆斯特丹马勒 4 号办公大厦由多个建筑体量加以组构，设置了诸多模糊的内部"庭院"。在一建筑主体中，围绕建筑减去一个螺旋形的空间体量作为户外通道，在天气宜人时为工作人员提供了乘坐电梯之外的交通选择。这些通道穿插盘旋在建筑的立面之外和内凹的空间，与屋顶花园相连接，包裹着建筑物，是通道，也是室外广场与花园（图 6-40 ~ 图 6-42）。

在 EDP 总部大楼的设计中，曼努埃尔·艾利斯·马特乌斯等构建了模糊开放的内部的景观庭院。大厦为竖向的 U 形，在地下一层及建筑周边区域设置了诸多栽植草皮树木的内部庭院，建筑与植物绿化交合包裹。地面首层是不规则的开放空间，地下层栽种的树木，也成为地面首层的景观绿化，建筑的空间分区模糊，内外边界模糊（图 6-43 ~ 图 6-46）。

模糊混沌，是当代计算机参数化设计的重要特征，空间形态复杂、不确定、不规则，建筑中"庭院"也表现着复杂模糊的交错、散乱、碎片化的非线性的状态。

涌现组的深圳当代艺术博物馆方案的建筑体犹如不规则的有着裂口的大石块。建筑的空间界面模糊，功能分区模糊，层次模糊，内外模糊，交通流线模糊，建筑体与植物景观

图 6-42　阿姆斯特丹马勒 4 号办公楼内部

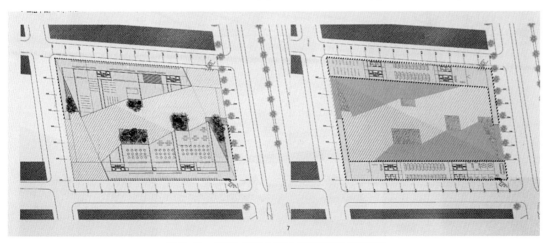

图 6-43　EDP 总部大楼地面首层与二层平面

图 6-44　EDP 总部大楼纵剖面与横剖面

图 6-45　EDP 总部大楼首层广场

图 6-46　EDP 总部大楼内部庭院

的边界模糊。捷克国家图书馆方案也是模糊混沌的空间，形态复杂，"庭院"多样与模糊，宝石形的通透形体表现着新奇的空间意象与开放的功能（图 6-47 ~ 图 6-52）。

图 6-47　深圳当代艺术博物馆外观

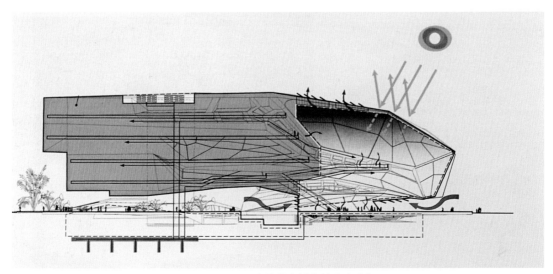

图 6-48　深圳当代艺术博物馆生态分析

图 6-49　深圳当代艺术博物馆内部

图 6-50　捷克国家图书馆外观

图 6-51　模型顶视

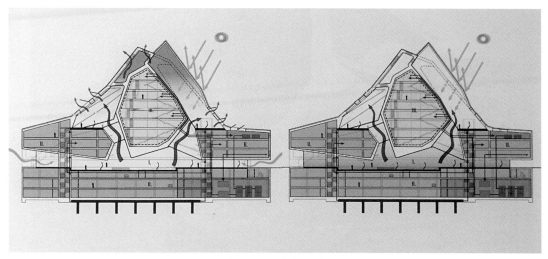

图 6-52　生态分析

　　努维尔设计的卡塔尔国家博物馆（图 6-53、图 6-54）、杰西·雷泽 + 梅本奈奈子设计的高雄港旅运中心（图 6-55）及前面章节分析介绍过的纤维塔、台北表演艺术中心、观光塔、鄂尔多斯博物馆、迪拜金融广场、上海世博会德国馆和奥地利馆等建筑空间及"庭院"都表现着不确定的、模糊混沌的特点。

图 6-53　卡塔尔国家博物馆模型顶视

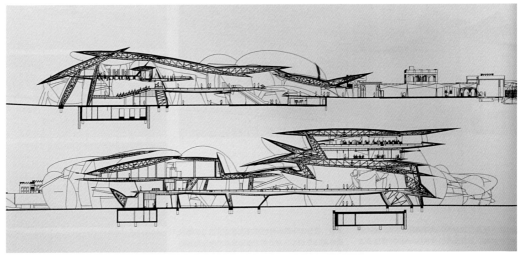

图 6-54　卡塔尔国家博物馆剖面图

很多模糊空间具有设计的生态性,是计算机环境参数化设计的逻辑化的结果。例如涌现组的深圳当代艺术博物馆,空间破碎,"庭院"碎片般地散落在建筑的四处,日光与自然风被多方位地引入建筑体的内部,表皮角度与材质反射多余的日光热量,特殊设计的风洞能够从建筑底层吸进新鲜空气,并将空间中的废气由顶部的缝隙排放。

图 6-55　高雄港旅运中心

(三)结语

"庭院"是人类传统建筑基本的部件或"类型",基于当代社会文化语境与技术语境,当代设计师进行形形色色的高层建筑物中"庭院"的设计探索。

当代高层建筑中"庭院"的设计探索,保持与发展传统建筑"庭院"的功能与意义,具有丰富的当代文化的意味:促进建筑空间中的人际交往,满足空间休闲、娱乐等多样化需求;增进人与自然环境的交流,改善生态状况;开放空间视野,丰富空间的形态与节奏。"庭院"设计也表现着设计师的"造型的激情"(勒·柯布西耶语),与空间中的人的情感相交互,使之产生心灵的愉悦与感动。

主要参考文献

［1］ 约翰·霍兰. 涌现——从混沌到有序 [M]. 陈禹等译. 上海: 上海科学技术出版社, 2006.

［2］ 金士尧, 黄红兵, 范高俊. 面向涌现的多 Agent 系统研究及其发展 [J]. 计算机学报, 2008（6）.

［3］ 尼尔·林奇. 集群城市主义 [J]. 叶杨译. 世界建筑, 2009（8）.

［4］ 徐卫国. 正在融入世界建筑潮流的中国建筑 [J]. 建筑学报, 2007（1）.

［5］ 帕特里克·舒马赫. 作为建筑风格的参数化主义——参数化主义者的宣言 [J]. 徐丰译. 世界建筑, 2009（8）.

［6］ 尼尔·林奇, 徐卫国. 涌现·青年建筑师作品 [M]. 北京: 中国建筑工业出版社, 2006.

［7］ 吉尔·德勒兹. 福柯 褶子 [M]. 于奇智, 杨洁译. 长沙: 湖南文艺出版社, 2001.

［8］ 鲁道夫·阿恩海姆. 艺术与视知觉 [M]. 藤守尧, 朱疆源译. 成都: 四川人民出版社, 1998.

［9］ 查尔斯·詹克斯, 卡尔·克罗普夫. 当代建筑的理论与宣言 [M]. 周玉鹏, 雄一, 张鹏译. 北京: 中国建筑工业出版社, 2005.

［10］ 查尔斯·詹克斯. 建筑的新范式: 复杂性建筑 [J]. 岛子译. 艺术时代, 2010（01）.

［11］ 帕特里克·舒马赫（受访人）, 高岩（采访人）. 晰释复杂性——与扎哈·哈迪德建筑师事务所合伙人帕特里克·舒马赫的访谈 [J]. 世界建筑, 2006（04）.

［12］ 陈志春编著. 建筑大师访谈 [M]. 北京: 中国人民大学出版社, 2008.

［13］ 大师系列丛书编辑部. 瑞姆·库哈斯的作品与思想 [M]. 北京: 中国电力出版社, 2005.

［14］ 王洪义. 西方当代美术——不是艺术的艺术史 [M]. 哈尔滨: 哈尔滨工业大学出版社, 2008.

［15］ H. H. 阿纳森. 西方现代艺术史 [M]. 邹德侬, 巴竹师, 刘珽译. 天津: 天津人民美术出版社, 1994.

［16］ 费菁, 傅刚. 屈米访谈 [J]. 世界建筑, 2004（4）.

［17］ 东京大学工学部建筑学科安藤忠雄研究室编. 建筑师的 20 岁 [M]. 王静, 王建国, 费移山译. 北京: 清华大学出版社, 2005.

［18］ 布莱顿·泰勒. 当代艺术 [M]. 王升才, 张爱东, 卿上力译. 南京: 江苏美术出版社, 2007.

［19］ 关于人工生命的研究状况见: 李建会, 张江. 数字创世纪——人工生命的新科学 [M]. 北京: 科学出版社, 2006.

［20］ 薛惠锋, 吴晓军, 解丹蕊. 复杂性人工生命研究方法导论 [M]. 北京: 国防工业出版社, 2007.

［21］ 勒·柯布西耶. 走向新建筑 [M]. 陈志华译. 西安: 陕西师范大学出版社, 2004.

［22］ 郑时龄, 薛密编译. 黑川纪章 [M]. 北京: 中国建筑工业出版社, 1997.

［23］ 黄献明. 复杂性科学与建筑的复杂性研究 [J]. 华中建筑, 2004（4）.